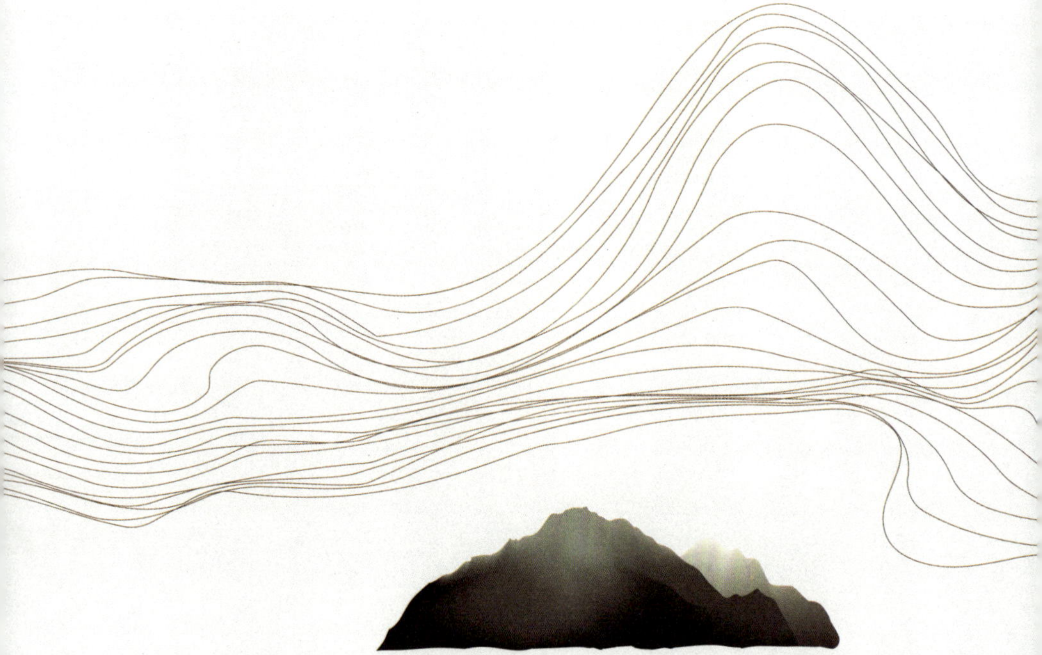

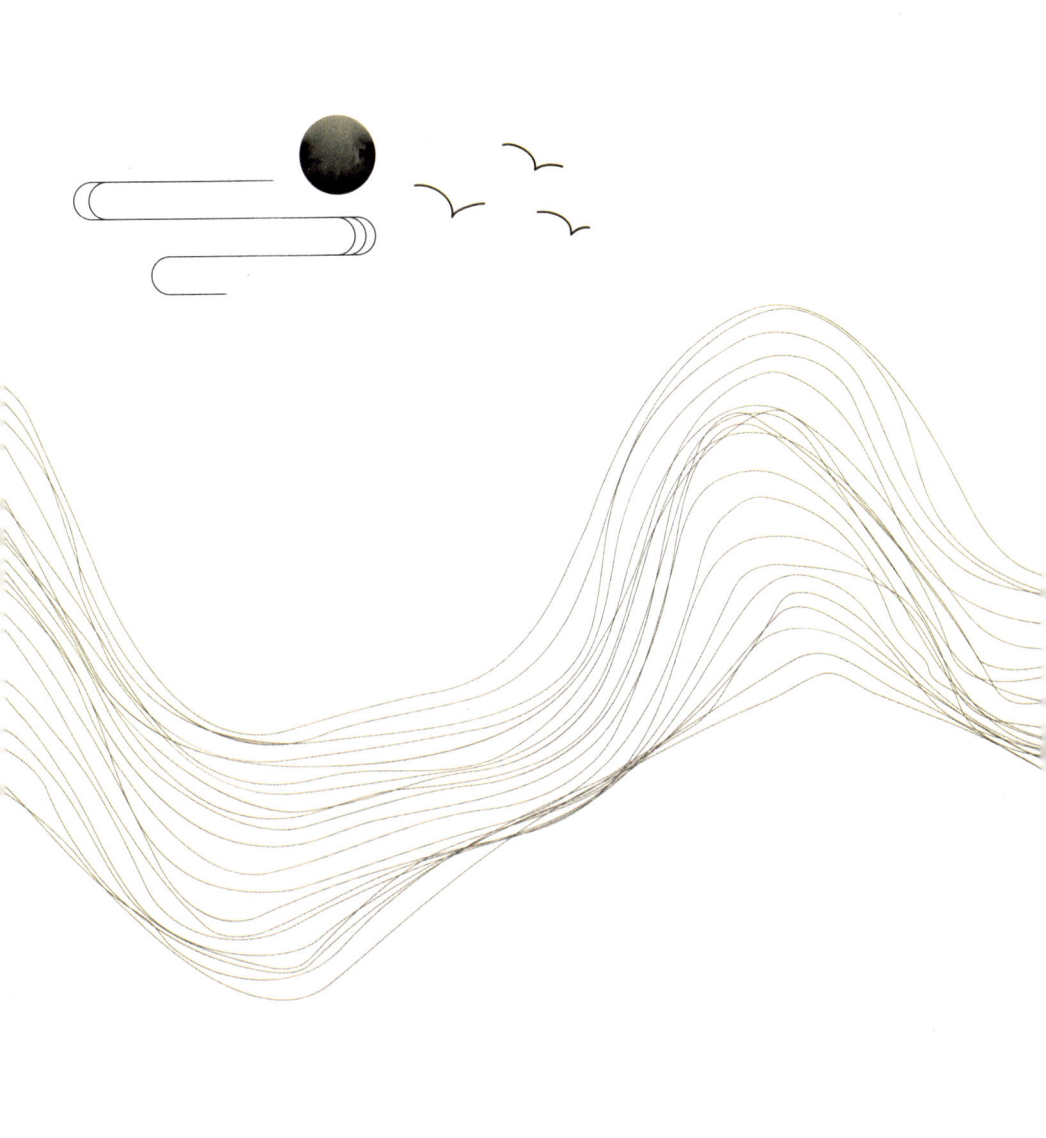

图书代号　SK18N1320

图书在版编目(CIP)数据

丝路家训 / 郝靖编著. —西安：陕西师范大学出版总社有限公司，2018.10
　　ISBN 978-7-5695-0217-6

　Ⅰ.①丝…　Ⅱ.①郝…　Ⅲ.①家庭道德—中国—通俗读物　Ⅳ.①B823.1-49

中国版本图书馆CIP数据核字（2018）第201728号

丝路家训　SILU JIAXUN

郝　靖　编著

出版统筹／刘东风
执行编辑／姚蓓蕾
文字编辑／王淑燕　王雅琨　姚蓓蕾
文字校对／杜莎莎　王丽敏
美术编辑／张潇伊
封面设计／Abook·萝卜&阿茜
版式设计／锦册
出版发行／陕西师范大学出版总社
　　　　　（西安市长安南路199号　邮编　710062）
网　　址／http：//www.snupg.com
印　　刷／陕西龙山海天艺术印务有限公司
开　　本／690mm×980mm　1/16
印　　张／17.25
字　　数／163千
版　　次／2018年10月第1版
印　　次／2018年10月第1次印刷
书　　号／ISBN 978-7-5695-0217-6
定　　价／58.00元

读者购书、书店添货或发现印装质量问题，请与本公司营销部联系、调换。
电话：（029）85307864　85303629　传真：（029）85303879

家风国风两相宜（代序）

著名文化学者、丝路文化大使　肖云儒

《丝路家训》是一档电视节目，已经走红好些日子了。许多人都向我推荐，说西安电视台的几大品牌节目中，《电视问政》和《丝路家训》是非常值得一看的两档。

回想这档节目摄制之初，制片人兼主持人郝靖女士曾经诚邀我参与，但我当时"望文生义"，觉得自己对中国传统家训文化实在所知甚少，不能"以其昏昏使人昭昭"，出面妄议，便礼貌地谢绝了。后来西安广播电视台惠毅台长又邀我去看已经出品的几期节目，这一看，看得我脑洞大开、兴趣盎然——原来家训节目竟可以这样来拍，又可以拍成这样的。

节目从家训入手，而不局限于解读家训本身。以大视野大思考，出入于家与国、家与天下，出入于家训与社会道德、民族文化，由家训而家风，而行风，而社会风气，而道德文化，而民族精神，而天下情怀。那真个是纵横捭阖、气象宏大。原来，这竟是一个关系到所有家庭、所有人的节目，是一个谁都爱看、谁都可以谈，而且会有谈兴、会有谈头的节目。本来较为狭窄的主题就这样变得汪洋恣肆。我

于是极有兴趣。

家庭是社会最基本的单元，是文化最末梢的神经。国家国家，国之起点乃家；家国家国，家之尽头乃国。家和国有福，家和万事兴。《丝路家训》节目由家及人，由家及心，由家及国，由家及社稷，民族、历史、天下，其中有无穷无尽的话题、无穷无尽的角度、无穷无尽的人物、无穷无尽的故事、无穷无尽的表述方法和镜头语言。这种围绕家和家训随意展开、出入自如的谈法，展现了对中国历史上家国观念、家国情怀的承继和弘扬，也将古代家训与当今社会道德和社会文明的建设贯通一体。这恐怕是节目收视率节节攀升、社会影响日渐增大的最根本原因吧。

《丝路家训》采用文化学者、知名人士和青年学子相组合的嘉宾结构。学者做历史文化背景的深度解读，使话题有了大的纵深。名人现身说法，坦陈公众人物的家庭风貌，这是人所少知而又欲知的，增加了可看性。年轻人则从现代坐标上，讲述自身对中国家训、中国文化的继承和理解，便有了薪火相传的意味。

有几期，节目选择了"一带一路"沿线各国在华留学的青年学子作为嘉宾，不但扣住了《丝路家训》的"丝路"二字，辐射力也更为广博，有种跨国传播的感觉。由中华文化而及丝路文化，再及人类文明，显示出古都西安作为丝路起点所具有的世界眼光和人类情怀。

现在，《丝路家训》第一季的节目已经整理为图文并茂的图书，就要出版面世了。成书时，郝靖又在各期访谈后加上了自己的文字随感。这些文字简明而有见解、有文采，很让我讶异于女主持人思考之深与文笔之好。继而会意一笑：你道郝靖何许人也，她本就是名校中文系的高才生，当主持人之后，动口不动手业已多年，这回不过是旧业重操、小试牛刀而已。

根据电视节目整理而成的图书，相较电视节目，已是另一种文体和文本，纸质阅读和视频观赏也是两个不同的文化接受渠道，故特别将此书定位为"电视文化书"，想来不致大谬也。

是为序。

目　录

自律立身 _ 001

因材施教 _ 023

父敬母爱 _ 047

见微知著 _ 073

学而时习 _ 093

睦邻友好 _ 117

德行天下 _ 141

举案齐眉 _ 163

人淡如菊 _ 181

提升美育 _ 201

一诺千金 _ 221

尊师重道 _ 241

后　记 _ 263

自律立身

ZILÜ LISHEN

《曾国藩家书》当中有一段话："记茶余偶谈、读史十叶、写日记楷本，此三事者誓终身不间断也。"曾国藩用这段话告诉子孙他每天都在做什么。虽然这三件事不是什么大事，但是能"终身不间断"，的确难能可贵，这就是自律。

自律立身

自律立身，指遵循法律，并以此为基础，进行自我约束。

书童：宰相，有人给您送来了好多鱼。
公仪休：不收，让他回去吧。

书童：您这么爱吃鱼，为什么不收呢？

公仪休：正因为如此，所以才不能接受。如果接受了鱼，就必然要低就别人的脸色。

低就了别人的脸色，就可能歪曲、违反法律。

访谈

康震
北京师范大学文学院教授、《百家讲坛》主讲人

孙茜
北京人民艺术剧院演员,代表作《甄嬛传》

韩晋哲
北京外国语大学罗马尼亚语专业学生

■ 自律要有一定的目标

郝　靖　我们今天的家训主题是自律立身，为什么把孙茜请来呢？因为她刚有了一个新身份——妈妈。她的宝宝才九个月，但是我们看她的身材，恢复得多好啊！刚生完宝宝的人，能够恢复得这么好，肯定是一个很自律的人，是不是？

孙　茜　对，其实我生完宝宝一个月后，比生之前还胖好多。差不多到第七个月的时候，才正式开始瘦身。恢复身材的过程真是挺辛苦的。

郝　靖　一定是非常严格的瘦身过程，我们一会儿再看看孙茜有多么自律。先来说说刚才我们看到的公仪休辞鱼的故事。

康　震　公仪休辞鱼说的是春秋时期鲁国宰相公仪休坚决不接受他人送的鱼的故事。一般来讲，要找人办事，首先就得研究这个人的特点，比如看他有什么爱好。很多人知道公仪休爱吃鱼就给他送鱼。其实如果不是成吨成吨地送，倒也不算什么。比方说，今天我给你送两条带鱼，这算什么呢？但是公仪休都坚决拒绝，他为什么这么自律呢？我觉得这里面有一个很重要的原因，就是他的角色和身份。在他看来，你送我一条鱼和送我一吨鱼，意义是一样的。只要我收了你的鱼，后面就得看你的脸色，就得给你办事了。但是我给你办事，宽了你的利益，就会松了国家的规矩。这个故事实际上说明，像公仪休这样地位的官员，他的自律是与遵守国家法律、法令紧密结合在一起的，不仅仅是对个人的。所以我觉得这个故事很能说明自律和集体利益、国家利益之间的关系。

郝　靖　我的理解是自律就是自我约束，做该做的事情，不做不该做的事情。孙茜作为演员，她的自律呢，就是对自己的外形严格要求。我们来看看孙茜的自律："我的减肥餐，一大碗白水煮蔬菜，一小盒咸菜加榨菜，一碗熬焦了的银耳雪梨羹。"

孙　茜　可见厨艺不佳。

康　震　我觉得孙茜瘦身也是一种职业要求。因为一个演员，原来只有90斤，现在突然变成90公斤，这对于广大观众来说就很难接受，是吧？

孙　茜　是的。

康　震　所以我觉得从这点上来讲，孙茜是在职业方面很自律，对自己很严格。

郝　靖　没错，我们继续看："答应你们的，我又上来打卡喽！今天吃的整整一锅。"我的天，全都是开水煮白菜啊，一点油都没有，你这是小白兔的吃法啊！

孙　茜　对，苦心菜。

郝　靖　"今天瘦了0.8斤，还剩9.2"是什么意思？

孙　茜　就是离我的减肥目标还有9.2斤。其实作为演员我会坚持健身，生完宝宝之后，我会去做芭蕾的训练，包括现在的瘦身。从职业角度来讲，这些都算是一个自我约束的过程。

郝　靖　对。那我们来问问晋哲，你觉得你是一个自律的人吗？

韩晋哲　我觉得我还算是一个自律的人吧。首先，学生的第一要务肯定是学习。在搞好学习的同时，也可以有其他的兴趣爱好。其实打游戏也是很多学生的兴趣爱好，但是必须有自制力，不能因为玩游戏荒废学业。其次，要克服自己的懒惰。比如说早上我们一般八点钟上课，所以冬天的时候，可能早上起床很难，但也不能迟到，这是一个学生应该遵守的最基本的纪律，这也是一种自律。

康　震　我觉得自律有一个很重要的原则：首先我们要对自律的目的、目标有充分的认知，并且认为这个目的和目标对自己有重大意义。毕竟懒惰是人类的天性——我要是能天天在床上躺着，起来之后就有肉吃，那我肯定不愿意像孙茜老师这样，像兔子一样吃草——但如果你能认知到某个目标的重要性，你就会形成一种自律甚至自觉。

从古到今，这样的人有很多，比如说曾国藩[①]。他给家人写的信里面都体现出极度的自律。为什么说极度？因为他说有三件事，他一辈子每天都要做：第一，把茶余饭后跟别人的交谈记下来；第二，看十页史书；第三，写日记。曾国藩的目标是要做文武全胜之人，所以他对自己的要求很严格。他给弟弟曾国荃写信说：你们可能做不到我这个程度，但起码做到"每日自立课程，必须有日日不断之

[①] 曾国藩是近代史上极具争议的人物，但其对子女的教育，却留给后人很多可借鉴的内容。勤奋、俭朴、求学、务实的家训家风，一直被曾家后人所传承。

功"。所以说，曾国藩不仅是一个自律之人，而且还是一个能很好地引领他人自律的人，这种人就更厉害了。

郝　靖　而且这对形成家风也非常有用。

康　震　就因为曾国藩开头开得好，从他开始定了很多规矩。他对自己严格要求，对家人也是。他的家训、家书，代代相传，影响了曾家几代后人。曾家后来出了很多的人才，比如曾国藩的儿子曾纪泽是清末著名的外交家。再比如孙茜老师，她的孩子将来可能像她一样，非常注意自己的形象，非常注重职业道德和操守，这又会影响到孙茜老师的孙子，孙茜老师的自律就这样传下去了。这其实就是家训了，家训不一定非得写上那么几条贴在家里。

郝　靖　言传身教。我也想问问孙茜：你家里的长辈有没有言传身教告诉你，人要自律，要约束自己？

孙　茜　从我姥姥开始，就有很多很质朴的家训。当时我们家住在那种特别老的、传统的四合院，家里的隔板都是木质的，不隔音。我小的时候说话声音特别大，所以我姥姥一直跟我说，女孩子说话不要大声野气。还有吃饭的时候，筷子不能越过一盘菜的正中间去夹菜，就夹你面前的那一块，等等。我认为这些都是家训。

郝　靖　也是约束人的规矩。说到这儿，那晋哲你们家里有没有这方面的教诲呢？

韩晋哲　就像刚才孙茜老师说的，在我们家，长辈没有动筷子之前，小孩是不能动筷子的。类似的这种礼仪，虽然没有书面的东西，都是大白话，言传身教，真挺有道理的。

郝　靖　我们知道孙茜是北京人艺的演员，北京人艺的口碑相当厉害，有很多德艺双馨的老艺术家，比如濮存昕老师、于是之老师、蓝天野老师等等。他们的作品品质都非常高，但是他们对名和利看得比较淡，对演员的这个身份看得很重，把舞台看得很重。

孙　茜　没错。比如你刚才说到的濮存昕老师，他在特别有盛名的时候，每次到剧院来排练，还是会骑一辆"二八"自行车。我们单位很多的老艺术家，都是很自律的。有一位快退休的老艺术家，他家在洋桥一带，我们单位在王府井，距离差不多有十公里。他为了锻炼自己的身体，让自己在台上很有精神，每天上班就从洋桥走到北京人艺，走四个半小时，然后演出。还有，每天晚上我们是七点半开始演出，但是基本上四点半的时候，所有的老艺术家都到齐了。而且后台无论有多少演员，过道里几乎听不到喧闹的声音，因为大家都在角落里默词，或者是默默地给自己化妆——人艺的演员都是自己给自己化妆的，其实这也是一个进入角色的过程。

康　震　一个家有家训，人艺有自己的院训，一个学校也有它的校训。

郝　靖　校训也像家训一样，在指引着学校的每个人。我知道北师大的校训是"学为人师，行为世范"，是启功先生题写的。

康　震　启功先生1997年夏天给我们题写这个校训的时候，说过一段话，其中有"学高足为人师，行高足为世范"两句。就是说，作为一个师范大学的学生或者老师，你要有足够的学问才能给别人当老师，你要品德高尚，行为端正，才能够做世人的典范。所以我觉得师范大学，特别是我们北师大的老师和学生，都非常纯朴。

郝　靖　是，刚才去接康震老师，这么有名的教授，背一个双肩书包，真的是非常纯朴。

康　震　所以我觉得能在北师大、人艺这种非常著名、具有悠久历史的平台工作和生活，也会得到很多非常优秀的传统的熏陶，让我们受用一生。

郝　靖　没错，就像一个大家庭一样，优良的家风感染着这个大家庭的每一个人，也传递着这正能量。刚才康震老师说北师大的师生都很纯朴，还有孙茜说的濮存昕老师骑着"二八"自行车，人艺的老先生走路上班，让我想到了古代家训里提倡的"俭以养德"——他们不是没有钱，就是一种自律。

康　震　对，这跟有没有钱没关系。为什么俭能养德？实际上这里强调的不是节省，而是强调让自己回归到初心。比如，我们原来都是学生，后来才有了各自的职业。但是，不管你做什么，做演员、老师，还是公务员，都应该有一个初心。这个初心是什么呢？就是我要做什么。其实我们到这个世界上，最重要的不是挣钱，钱只是用来维持、保障我们的生活，最重要的是你想成为一个什么样的人。比如孙茜老师，她的目标肯定是成为一个优秀的演员，对得起观众的演员，这就是她的初心；我是要做一个好老师；晋哲目前来讲，是要做一个好学生。我们做任何事情，如果把人生的主要目标给忘了，把精力放在别的事情上，那就不是俭，而是奢。奢是不能养德的。所以一个人只有回归本来，回归自己的初心，把握住自己最初的那个人生的动力，自然而然地就具有一种德行的力量，别人就会尊重你、钦佩你，并且愿意走近你，人和人在一起就能产生更多的力量，三人成众，就能做更多的事情。那怎样才能保持俭呢？就是我们今天说的要自律。

郝　靖　是，在这个物质极大丰富的年代，没有自律的人就容易迷失自己。

孙　茜　现在物质越来越丰富，诱惑也越来越多，每个人面前的路也越来越多。所以我会经常跟自己讲，要有所为，有所不为，人要明确自己人生的目标。

郝　靖　孙茜说得特别好，其实诱惑就是自律最大的敌人。

■ 让自律内化于心、外化于行

郝　靖　从古至今，自律都是非常重要的，在很多的家训当中都有提及。

康　震　孔子曾经说过，"七十而从心所欲，不逾矩"（《论语·为政》）。这句话非常深刻，我到七十岁了，可以随心所欲地做很多事情，但我却不会逾越规矩。这说明什么呢？说明规矩已经内化于心了。这里可以举个非常生动的例子——孙悟空。

郝　靖　孙悟空？

康　震　你看孙悟空在《西游记》里，大闹天宫的时候，他脑袋上什么都没有，无法无天。后来，为让他乖乖陪唐僧去西天取经，观音菩萨就给了他一个紧箍咒。因为他这时候还没到自律的程度，首先要对他进行他律。到后来，取得真经，孙悟空跟唐僧说："师父，我都成佛了，这头上的箍是不是也该去了，要不然忒没面子。"唐僧说了一句很深刻的话，说你都成佛了，那箍就没了。孙悟空一摸，果然箍没了，你们知道为什么没了吗？

郝　靖　懂得自律了。

康　震　这时候他的紧箍咒已经内化了，根本用不着任何人提醒他，这就是深刻的自律，是内化于心，外化于行。

郝　靖　我觉得这也是一个小男孩蜕变为成熟男人的故事，是一个人从他律变成自律的一个过程。

康　震　是这样的。

郝　靖　我也看到古代很多家训中，有很多戒条，非常严厉。这些戒条其实就是他律，逼着你必须这样做，你做着做着，就会自觉遵守，形成自律了。

康　震　中国古代类似的这种家训特别多。比如包拯立的家训就很严厉，大意是说，做我子孙者，不得贪赃枉法。谁要贪赃枉法，第一，不能进家门，就是不能再姓包，不是包家的人；第二，死后不能进祖坟。而且他把这家训就刻在他们家堂屋的墙壁上。还有唐朝的大将李季。李季得了病，据说龙须可以做药引子，唐太宗说我是真龙天子啊，就把自己的胡子剪下来烧成灰给李季做药引子，可见唐太宗多么欣赏他。他立的家训，是我们家的后代，有谁贪赃枉法，当场打死！为什么会有这么严酷的家训呢？他说，房玄龄、杜如晦的后代子孙，因为守不住他们的家业而被我笑话，我可不愿意你们因为不守规矩，将来让人家笑话我，那我的一世英名岂不是白费？所以中国古代这些著名的人物，他们的后代出现了很多英才，也跟这些家训有关系。

郝 靖　我知道孙茜还有参军的经历。你觉得部队上的纪律对你后来的生活、工作，有没有很大的影响？

孙 茜　有特别大的影响。我当兵的时候还很小，因为是文艺兵，也就十几岁吧。部队上有方方面面的要求，包括内务、生活、思想，比如叠被子、出早操、站岗、帮厨等等。后来就变成了我对自己的要求。这就是一个由他律到自律的过程。

郝 靖　所以很多人说，当过兵的人一眼就能被看出来，因为行为举止会更严谨。

孙 茜　我还记得我们刚刚进部队的时候，真的就是像孙悟空一样的小毛猴，什么都不懂，活泼好动。我第一次请假，觉得好不容易可以出去了，就玩了整整一个下午，回去之后就被关禁闭了。那个紧箍咒真的在脑门上箍了整整一年，后来慢慢地知道规矩了，就知道自觉遵守它。

郝 靖　是的，长大之后就知道，原来自律还可以带给我们很多好处。比如在作息上自律，我们会更健康；在饮食上自律，我们的身材会更苗条；在工作上自律，我们能有效减少错误。

自律才能带来真正的自由

郝 靖 还有一句话，说"自律才能带来真正的自由"，这句话你们怎么看？

康 震 我觉得是这样的。这个世界本来是无序的，但是人类要发展，在发展的过程中会慢慢发现：吃得太多，对身体不好；玩得太多，不去工作，也不太好。所以就形成了大家普遍认同的，有利于工作、生活开展，能让大家利益最大化的规矩。

那什么叫自由呢？实际上，一个人要获得的最大的自由是内心的自由。但要获得内心的自由，就必须遵守规矩。只有每个人都遵守规矩了，我们才都能从中获得利益。这就好比，大家都在种庄稼，如果你不遵守规矩，春天种一粒种子，冬天种一粒，秋天种一粒，剩下的时间去睡觉，那在吃饭上就没法自由。你要想自由地吃饭，就必须自律地种庄稼。

郝 靖 这让我想到龙应台给儿子的一封信，大意是说，我希望你自律地学习，不是说我想拿你的成绩去跟别的孩子比、去炫耀，而是希望你以后能获得真正的自由。什么自由呢？你可以自由地选择自己的职业，这个职业是你喜欢的，可以带给你成就感的，这个职业是不剥夺你的时间的，是给你尊重的。我觉得这话说得特别对。

韩晋哲　是，我觉得自由和自律虽然看上去矛盾，但其实是有共通点的。我们说自由，是说你可以选择自己要走的道路，比如说我要去读哪个大学，而自律就可以帮助我们持之以恒地在这条路上坚持下来。

郝　靖　对。那么孙茜的孩子还小，才九个月，听了这么多，有没有准备回去给自己的孩子立一个家训呢？

孙　茜　其实我觉得父母做好了，不用跟孩子讲，他也会做得很好。所以我们刚在讲自律的时候，我就一直在反省，我认为我做得非常不好。

郝　靖　一日三省吾身，是吧？

孙　茜　对，三省己身。我觉得慎独是一件特别重要的事情，当没有人在你身边的时候，你是否还能够不断地警醒和反省自己有没有做得更好，是不是，康老师？

康　震　这是个很高的境界。比如，我一个人在家的时候，那我可能就不看书了，而是彻夜看电视，这实际上就是一个不慎独的例子。慎独其实应该成为一种持之以恒的理念，它不一定成为每天必须践行的东西，那样人生也会变得没有乐趣，关键是你要始终把握住自己的方向。比如，你可以在一个寂静的深夜问自己：在过去的这段日子里，我究竟做得如何？是否对得起家人，对得起自己和这份工作？每个月一次实在太困难，两个月一次也行。但是人的一生中，总应该有慎独的一刻，用不同程度的自律，使自己的思想和行为达到自觉，也能用这种自觉的精神来影响自己的孩子。实际上，这是一个非常好的家庭的良性自我循环，也是一个很好的社会循环系统。

郝　靖　"穷则独善其身，达则兼善天下"（《孟子·尽心上》），这个"独善其身"是不是就是慎独？在没有人约束你的时候，你也可以约束自己。

康　震　这个穷不是说家里特别贫穷，而是不得志、不得意。如果我有机会，我就会为社会做贡献，为他人奉献我的能力；如果我没有获得这个机会，我也并不沮丧，我可以做好我自己，努力完善自己，成为一个对社会有意义的人，成为一个善良的人，成为周围人的榜样，也可以给他人带来积极的影响，这是自律的最高境界了。我们虽不能至，但可以心向往之。无论是白居易还是苏东坡，他们都有这种很自觉的精神。

郝　靖　我想问问晋哲，你觉得自律是不是很难呢？

韩晋哲　确实不是一件容易的事，我曾经看过一篇文章，说到英文里对应的自律的认知过程：首先是Acceptance，就是认同这个事实；其次是Willpower，要有这个意志力；再次是Hardwork，要有面对困难的勇气；然后是Industry，就是要勤奋；最后一个就是Persistence，就是要坚持。这五个单词特别有意思，它们的首字母连起来，是A whip，就是"一条鞭子"的意思。所以，我觉得自律的人就是要不断地抽打自己，像苦行僧一样，一直坚持下去，这是常人很难做到的。

郝　靖　一开始你觉得自律好像是在虐自己，但是习惯之后就变成享受了，然后可以获得极大的自由和快乐了，是这样吗？

韩晋哲　是这样的。

公众人物的自律带有社会责任

郝　靖　看来自律真的是非常重要。从古至今，我们中国人都注重自律，自律可以让我们的人生更加完美。最后我想问问，因为二位都是公众人物，你们觉不觉得公众人物的自律更加重要呢？

孙　茜　我对公众人物的理解是这样的，就是恰好我从事了演员这个职业，这个职业需要走到很多人面前才可以完成工作，所以，不由自主地就变成了一个公众人物。我一直认为，演员要有社会责任感。有太多的人因为你从事了这一行而认识你，有太多喜欢你的人因为看到你去模仿你，所以加重了你的社会责任。当我看到自己的粉丝数量增加的时候，我觉得这其实不只是数字的增加，更是责任的增加。你需要通过自律，更好地去引导粉丝，不要去做那些不好的事情。

我给你们讲一个明星自律的故事，就是孙俪的故事。我的一个战友是孙俪小时候在少年宫的好朋友，我们在拍《甄嬛传》的时候，这位朋友还特意来探我们俩的班，她就给我讲了这样一个故事。说小时候的一年冬天，孙俪说我们去报个英语班吧,我战友说好啊,两个人就报了英语班。我战友上了几堂课之后,因为天寒地冻,实在坚持不下去。但孙俪就从头至尾坚持下来了。我们在拍《甄嬛传》的时候,也有一件事。就在拍戏的过程当中,孙俪请了几天假去日本拍广告,回来的时候跟我们说:"哎!你们知道吗?日本有我最爱吃的一道菜,我忍住了,一口都没有吃。"我问为什么,她说因为那个东西太油了,怕长痘痘。她跟导演说,一定要带一张好脸回来。然后我依然不理解,孙俪就解释说:"茜茜,你知道吗?我们可能因为一时的口腹之欲,就让自己长着痘痘拍了这部戏。但是,一部戏拍完之后就再也无法重拍了,它将陪伴你一辈子,它将在这个世上永远留存。我不能因为一时一刻的不自律,损害我的形象,从而影响了这部戏整体的质量。"孙俪的这两件事让我特别有感触,所以说,自律的人不一定就能成功,但是成功的人一定是自律的。

康 震　没错,西周时有一个伟大的政治家——周公[1],"周公吐哺,天下归心"(〔东汉〕曹操《短歌行》)讲的就是他。周公的儿子叫伯禽,周公写过一封《诫伯禽书》,里面有两句话特别重要,就是"德行广大而守以恭者,荣;土地博裕而守以俭者,安"。意思是说,德行广大的人以谦恭的态度自处,便会得到荣耀;拥有广袤富饶的土地而

---

[1] 周公,曾两次辅佐周武王伐纣。中国的第一部家训,就是周公的《诫伯禽书》。

用节俭的方式生活的人，便会永远平安。伯禽跟他的父亲周公一样，也是特别勤俭的君子。他当时被封在鲁国（都城在今山东曲阜），他就用这样的态度来治理国家，使鲁国民风大变。好的民风会形成好的社会风气，好的社会风气会提高社会劳动生产力。所以，自律的意义就像《诫伯禽书》里讲的那样，不管你地位多高，不管你的财富有多多，你都应该保持卑微、勤俭的态度，这就是自律。

孙　茜 说得太好了。

郝　靖 康震老师讲的这个故事其实是告诉我们，不管你从事什么职业，有什么样的社会地位，也不管你有多少财富，只有做到自律，才能获得真正的自由和幸福的生活。你若有公权力，就更要自律，自律能让你心胸坦荡，受人尊重，一路坦途……总之，自律能让我们成为更好的自己。

扫码观看本期节目视频

感悟

当我谈自律时，我在谈什么

肯定有读者一眼就看出我是在套用村上春树的题目。说到自律，我瞬间就想到了他。从准备成为职业作家开始，他就给自己制订了严格的跑步、写作、作息计划——每年跑一次全马，每天跑步十公里。几十年如一日，就像他说的，"持之以恒，不乱节奏"。这样的坚持，不仅让他成为一个非常稳定和高产的优秀作家，也让他成为"自律"的代名词。一夜成名可能跟才华有关，但持续的创造力，却源于自律。

什么是自律？为什么要自律？前面的访谈中我们说了很多，这里，我想说点不一样的。以村上为例，从表面上看，村上的自律是把一件简单的事，诸如跑步，坚持下来；而这些行为的背后的目的，则是保持稳定的写作节奏，成为更好的作家。他的自律目标明确，很适合自己。

自律的重要无须赘言，自律即自由。拉开人和人差距的，是业余时间，是独处的时光里选择自我放纵还是自我增值。每个人都希望自己是自律的，可是坚持下来真的好难。跑步很无趣，每天早睡早起也没有说起来那么容易，可是你有没有想过，每个人的自律是不一样的。很多人之所以觉得自律难，是因为他首先想到的是"律"，而忘了更重要的"自"。自己没有目标，没有计划，只是因为要自律，就开始跟自己的天性斗争，辛苦而徒劳。

"自律"跟"梦想"一样，是一个充满蛊惑力的词。当然，有些时候，自律可以让你离梦想更近。你是否立过Flag（旗帜，此处指目标）？我有，我相信很多人都有过，减肥、旅行、储蓄、阅读、学一门乐器、掌握一种技能……每年都会在朋友圈看到各种美好的年度计划，每一条都让人憧憬。虽然计划各不相同，结果却惊人地一致，大都一边自暴自弃，一边又深深羡慕着别人的自律。世界杯的时候，C罗每天做3000个仰卧起坐的自律鸡汤几乎刷爆了朋友圈。虽然他已经正式辟谣，可仍然有很多人愿意相信。因为我们从未放弃自己，却也从未真正努力过，于是就只能在别人的自律故事里寻找满足，像沉溺于某种精神毒药。

　　自律能让我们成为更好的自己，拥有真正的自由，可自律如果盲目，就真成了精神毒药。孙茜自律，是为了保持良好的体形，给观众留下好的印象；康震老师自律，也许是为了保持阅读的状态，让自己更加博学、深刻；而每天坚持运动、阅读，抛开自己负面的情绪，保持快乐心境，以最好的状态出现在观众面前，是我要坚守的自律……在某种程度上，自律是一种必备的职业精神，其背后的支撑或者目的，是各司其职的担当和为追求成功而努力的自觉，那么在这种担当和自觉之外呢？生活不只是修行，也有享受和快乐。没有具体的目标和计划，立很多Flag，反而成了一种让自己疲惫和焦虑的负担。有的时候必须自律，有些事情却不必自律，毫无目的的自律，只是让一个人看起来很努力而已。

　　自律还有一个方面就是记得自己是谁。康震老师在访谈中提到一个词：自律的价值观。就是无论多么成功，都要保持一种卑微的态度。很多人的错失机会或者最后失败都是因为忘了自己是谁。知道自己是谁，知道自己要干什么，坚守不变，这是真自律。

　　这一期，与其说是感悟，不如说是收获。

践行手册

看了这一期节目,你有什么感触呢?欢迎写下

页　　码

原文摘录

应用计划(请联系你最近三个月内的相关经历,写出你打算采取怎样的行动,以及开始的时间、频率、目标、步骤以及监督人)

因材施教

YINCAI—SHIJIAO

教育是立国之本，是一个民族兴旺的标志。无论什么时代、什么社会、什么制度，教育都是不可忽视的。著名教育家蔡元培说过，"总须活用为妙"。教育不是你灌输给孩子多少知识，而是要唤醒孩子的求知欲望。

因材施教

因材施教,指针对学习的人的志趣、能力等具体情况,施行不同的教育。

子路:先生,如果我听到一种正确的主张,就可以立即去做吗?
孔子:总要问一下父亲和兄长吧,怎么能听到就去做呢?

(子路刚出去)
冉有:先生,我要是听到正确的主张,应该立刻就去做吗?
孔子:对,应该立刻执行。

公西华:先生,一样的问题,您的回答怎么相反呢?
孔子:冉有性格谦逊,办事犹豫不决,所以我鼓励他临事果断。但子路逞强好胜,办事考虑不周全,所以我劝他遇事多听取别人的意见,三思而后行。

访谈

康震
北京师范大学文学院教授、《百家讲坛》主讲人

景岗山
著名歌手、演员

尚豪
北京外国语大学阿拉伯语专业学生

■ 因材施教首先要能发现孩子的天赋

康　震　这个故事非常有名。我估计景岗山老师也很有感触，就是唱好一首歌，也许不是特别难，但是认清楚一个人却特别难，尤其是要认清自己的孩子到底能干什么，这更难，因为感情因素会影响人的判断。

景岗山　对。

康　震　孔子当年据说有三千弟子，其中有七十二贤人，但是孔子能根据不同学生的特点给出不同的意见，这挺难的。咱们虽然当了老师，但真有俩学生来问你什么事该怎么办，你不一定能根据不同学生的特点说清楚。

景岗山　对。首先你得真的了解这两个学生的长处短处，这可能得根据他们的性格来判断。

郝　靖　景岗山老师，您现在已经是俩孩子的爸爸，那您对两个孩子的教育，有没有一些自己的心得呢？

景岗山　说实话，在我们家，我主要负责陪孩子玩儿，管教孩子主要是我太太负责。不过我太太管理孩子还是比较有方法的。比如，我太太跟我说，如果孩子一哭你就用糖或者其他什么东西满足他，让他停止哭泣，他就会把哭泣作为一种手段。以后他想要什么了，你不给他，他就哭。但是，当他哭闹的时候，你坚持不给，让他一次哭足了，哭过两次，他就知道这招不管用，以后就不会再用这个方法要挟大人了。我太太还说，小孩最多哭十五分钟就哭不动了，而且哭还锻炼肺活量，对身体也有好处。我太太的这个小小的举动，真的对孩子影响特别大。我们家孩子去商场，从来没有为了买玩具、要东西，大人没给买，就撒泼打滚。后来上小学，需要住校，我们第一天把他们送到学校，转身离去的时候，我们家孩子也没有什么太大的反应。送儿子进小学的时候，他还有一点眼泪汪汪，送女儿的时候，她特别自觉，直接就进去了。但是，我们在学校真看见了很多"生离死别"的场景。很多家长在教室外边，站在凳子上使劲往里看。

康　震　就跟以后再也见不着似的。

景岗山　对。比如，有个孩子是他姥姥送来的。孩子就是不愿意上学，老太太岁数比较大了，我估计也劝这孩子劝了很长时间，实在没有耐心了，最后老太太特别愤怒，转身就走，那孩子就抱着老太太的腿，在地上拖着走。

康　震　太惨了。这不是上学，这是交租子啊。

郝　靖　说明你们家教育孩子还是很有方法的。

景岗山　真的就是，父母一点一滴的作为，就可能影响孩子一生的习惯和心理。

郝　靖　尚豪，你小的时候家里对你有没有因材施教呢？

尚　豪　有。我小的时候，父母给我报了很多课外班——写作班、奥数班、游泳班、舞蹈班、武术班……几乎能报的班，全给我报了。

郝　靖　天哪！那你还有时间玩吗？

尚　豪　很少有时间玩啊！上了这些课外班之后，我就发现，奥数这个东西我真的一点都搞不懂，也没有兴趣。有一次，我参加奥数比赛，满分是100分，我就考了30分，所以我就觉得：天哪，我数学怎么这么烂啊！但是，我对英语比较感兴趣，觉得自己学得也不错。所以我妈就说：行，那你别上奥数班了，上英语班就行。于是我的英语越来越好。我觉得这就是因材施教。

郝　靖　这是先广泛撒网，再重点培养。你们觉得这种方式怎么样？

康　震　我觉得这也是一种办法。所谓因材施教，关键是要分门别类。孔子就认为，自己的学生可以分为几类人。第一类，是"生而知之"，一生下来全明白，这种人太聪明了，不用学。比如颜回就是这种人，据说他学一个就知道十个。子贡也很厉害，学一个知道俩。第二类，是"学而知之"。第三类是"困而就学"，就是他是困惑了才去学。最下等的是什么呢？"困而不学"，就是什么都不知道，还不学习。所以孔子就把自己的弟子分成三类：上智之人、中智之人、下愚之人。孔子这么分，不是说看不起中智之人和下愚之人，而是针对他们采取不同的培养方式。比如说，子贡擅长做买卖，那他这种人就不是非得写文章、做学问。像子游和子夏，文章写得很好，就适合做学问，但不适合从政。像子路这样的人呢，就属于适合从政的，你让他天天坐下来写文章，那他不适合。你让子夏去从政，那他也不适合。所以，孔子要对这些学生有针对性地培养，就需要先对他们分门别类。

郝　靖　　所以孔子首先得能挖掘出这些学生到底有哪方面的才能，是不是？

康　震　　是啊，要不为什么大家尊他为"圣人"呢？他眼睛毒就毒在这儿了。就因为人认识自己特别难，所以我们希望有一个智者，能在我们还混沌的时候就点明：你适合干什么，你就沿着这条路走。虽然你当时可能还不明白，但到了一定年龄，你就会发现，这人说得对。实际上，在我们的人生道路上，都非常需要这样一个人，只是很难碰到。

郝　靖　　所以尚豪的父母就用了一个笨办法，反正什么课外班都给你报，你什么都学，就占用点时间，最后看哪个不适合就不学了，哪个适合就学哪个。所以你看，尚豪现在上北京外国语大学了，还学了很难学的阿拉伯语。景岗山老师，您演艺事业这么顺利，是不是也因为从小父母对您因材施教了呢？

景岗山　　非常对，完全是靠父母从小对我的培养。我从小父母就让我学钢琴，为什么呢？因为他们发现我对乐器发出的音调特别敏感，大概在我三四岁的时候，有一次家里碎了一个盘子，我就能说出这个声响对应的是钢琴键上的哪个音。

郝　靖　　三四岁的时候？

康　震　　神童！这就是孔子说的"生而知之"。

景岗山　　对，我是固定音高。① 比如说so la ti la so ti fa so，我能听

---

① 固定高音又名绝对音感，是指人们具有对声音的实际音高的感受能力，应该包括以下几个不同的层次：能够区别出两个不同音高的声音；能够准确模仿出所听到的声音；能知道所听到的声音的实际音高，并说出音名；能直接唱出乐谱的实际音高。绝大多数人只拥有相对音高，也就是说，给两个音，能判断出这两个音差多少，但是单给一个音，没法判断这个音是多少。

出它的真正的音。所以父母就让我从小学钢琴。

郝　靖　然而您没当郎朗,当歌手了。

景岗山　其实,全中国无数的孩子在学钢琴,到现在,真正被大家知道的也就两个人,一个是郎朗,一个是李云迪。其余的,先不说能不能成为钢琴家,可能最后从事的工作,跟音乐一点儿关系都没有。因材施教也不一定就要把孩子培养成某方面的专家。

郝　靖　但是您学钢琴,对您当歌手还是有益的吧?

景岗山　对,非常有用。学钢琴奠定了我在艺术感悟方面扎实的基础,特别是节奏感。其实很多行业是需要有节奏感的。比如体育,为什么巴西人足球踢得好呢?跟他们喜欢跳桑巴舞有关,因为踢足球也有节奏。还有打乒乓球、篮球,都讲究要控制场上节奏。再比如演戏,也是要节奏的。节奏感是基础,节奏感好了,其他可以融会贯通。所以我特别感谢父母。

郝　靖　因为父母的因材施教,您把钢琴学好了,也帮助您走上了艺术的道路。康教授,古代还有很多因材施教的家训和故事,您能不能给我们讲讲?

康　震　唐代有一个很著名的政治家叫苏颋。他和燕国公张说并称为"燕许大手笔"。为什么呢?因为苏颋是许国公,说他们"大手笔",是因为他俩都是宰相,起草朝廷的各种诏书起草得特别好。苏颋的父亲也做过宰相,父亲从小教育苏颋,给他立了几条规矩,比如做事情一定要有目标,办事情要善于抓住重点,一定要有大局观。一般人教育孩子不可能这么教育，苏颋的父亲为什么要这样教育他呢？因为苏颋的父亲很早就发现，苏颋有与众不同的地方，将来必成大器，所以他是按照宰相的要求来培养自己的儿子。苏颋也不负父亲所望，经过长时间的努力，终于成了盛唐时期一位非常著名的宰相，而且在文坛上也是一个领袖人物。所以在中国古代，特别是士大夫以上的人，在因材施教上是非常自觉的。他们一旦发现孩子在某方面有天赋，有发展的可能，就会在这个方面下很大的功夫去培养。再比如说唐太宗，他因为年纪大了要立太子，他立的是李治——后来的唐高宗，武则天的丈夫。虽然立了李治，但是唐太宗知道这个孩子很懦弱，不像自己那样英明神武，所以他就写了一篇文章叫《帝范》，就是教育太子怎么才能当皇帝。《帝范》写得特别好，我还记得其中一条是说，帝王就像高山一样，你不能有一丝一毫的坍塌，因为大家都看着你，帝王还得像明月一样，那上头不能有任何瑕疵，大家都能看见。你要想当帝王，你就得经得住人看。① 实际上，古人因材施教，无论对自己的孩子，还是对自己的属下，都是根据他是什么材料，给他什么样的教育。

郝　靖　定向培养。

康　震　对。定向培养，私人定制。

---

① 见《帝范·君体第一》："夫人者国之先，国者君之本。人主之体，如山岳焉，高峻而不动；如日月焉，贞明而普照。兆庶之所瞻仰，天下之所归往。"

按照孩子的兴趣培养也是因材施教

郝　靖　景岗山老师有没有定向培养您家那两个孩子呢？我觉得首先有一条，他们继承了您和您太太优秀的外貌基因，长得太漂亮了。您准备在他们成长的道路上，给他们私人定制、定向培养吗？

景岗山　顺其自然。我觉得，最重要的还是先完成学业。真心地说，我是从小学钢琴，但受了很多苦，我妈经常跟我说的一句话是："你不好好练琴，以后你就得要饭去。"真的，我没有一个快乐的童年啊！

郝　靖　那您两个孩子都不学钢琴吗？

景岗山　我就没有让他们学——虽然我因为学钢琴受益匪浅。

郝　靖　对呀。

康　震　但是你也不愿意！

景岗山　我不愿意！我不会让我的童年悲剧在我孩子身上重演。

康　震　当父亲的一般都是这样。

郝　靖　康老师也是这样吗？

康　震　很多人都问我：你是不是让你儿子从小就……

郝　靖　背古诗词。

康　震　从来没有，我才不愿意呢！我觉得他怎么高兴，就怎么来。

景岗山　没错没错。

康　震　是吧，咱们是一样的。

景岗山　一样的，一样的，英雄所见略同！我从来没有强求孩子做任何他们不想做的事。其实我也让他们接触过钢琴，但是其他孩子都去玩了，你让他们在那儿一遍一遍弹钢琴，他们觉得特别枯燥、无聊，非常抵触，所以我就把让他们学钢琴的想法给打消了。

郝　靖　您太太同意吗？

景岗山　同意，我们俩在教育孩子这方面观点都非常一致。

郝　靖　她不怕把下一个郎朗给耽误了？

景岗山　我宁愿让他们快乐！而且郎朗也是快乐地度过了童年。他真的是不用大人逼着学钢琴，他就是喜欢，回到家就不停地练。我觉得所谓的因材施教，首先孩子得是这方面的材料，比如朗朗就有弹钢琴的天赋，他也希望成为钢琴家。

所以，对我来说，既然我的孩子不喜欢钢琴，我就算耽误了下一个郎朗，也就耽误吧。我从来没有在学校给孩子报过任何他们不想报的课外班。

郝　靖　不逼迫，是吧？

景岗山　不逼迫。你喜欢足球你就报足球班，你喜欢舞蹈你就去跳舞。前一段时间，我女儿不知道哪根筋儿动了，突然想要学吉他。她们学校开的兴趣班她还看不上，所以我就在外边专门给她找了吉他老师，每周去上一堂课。

郝　靖　现在怎么样？

景岗山　现在学的是基础，刚刚去，也就学了十几堂课吧。

郝　靖　您不是抱着很功利的想法让女儿学吉他的，是吧？

景岗山　没有没有，我觉得送她学吉他，不是说以后她就要干这个。国内女吉他手也没多少，所以就是……

郝　靖　熏陶一下。

景岗山　培养。弹吉他就是她自己的兴趣爱好。我们家孩子以后具体会干什么，等他们完成了学业再看吧。

郝　靖　看来兴趣是最好的老师。

康　震　那当然了，因为没有兴趣就没有动力。没有动力，就没办法持久学习。像景岗山老师刚才说的郎朗，人家可是对钢琴真有兴趣。像咱这一碰到钢琴键就打瞌睡的，那肯定是不成。其实古今中外，有很多把兴趣、爱好发展成自己专业的例子，特别是在理工科方面，有人从小就表现出这方面的兴趣，比如爱因斯坦。大家都知道爱因斯坦做小板凳做得特别难看的那个故事，很多人从这个故事里得出的结论是遇到困难、挫折时要不气馁……但是，实际上很多人忽略了，爱因斯坦从小对数学、物理非常感兴趣，所以这两门课学得超级棒。后来他从苏黎世大学毕业，在专利局当公务员，工作之余，他自己研究了狭义相对论，然后写了论文，接着又研究广义相对论。你看，他不是大学老师，没人逼着他完成科研任务，也没有人去刻意培养他，爱因斯坦的父母从来没说你必须成为一个物理学家。爱因斯坦能取得那么大的成就，就是因为兴趣在驱动他，对不对？还有牛顿，他的研究涉及力学、光学、数学等等，比如万有引力、微积分都是他发现或者发明的。也没人天天追着牛顿，说你得发论文，可牛顿就是喜欢这些东西。所以我觉得，兴趣是最好的老师，也是创造力的源泉。

郝　靖　尚豪，你的父母有没有顺着你的兴趣来呢？

尚　豪　刚才两位老师真的说得特别好，我特别有感触。我小的时候，爸妈也曾经给我报过钢琴班，我学了三个月就放弃了，因为真的太苦了。其他小朋友都在外面玩的时候，我却要在家里练钢琴。但是我妈特别好的一点就是，很尊重我的想法。虽然她给我报了很多课外班，但是如果我去上了一两次课，或者坚持了一两个月，我觉得自己不擅长这个，或者不喜欢这个，她就会说，那就算了吧，不学了。我妈和康震老师一样，从事的教育工作——她是幼教，所以很懂小孩儿的心理，她知道兴趣是最好的老师，所以就跟我说，既然你奥数、钢琴不行，喜欢语言，那就好好学英语吧。背英语单词，在有的人看来是一件很痛苦的事情，但是我会觉得，我今天背了一百个单词，明天又背下来一百个，是一件很有成就感的事情，所以说兴趣真的是最好的老师。

郝　靖　但是现在课外班实在太多了！我朋友圈里有个女性朋友，给孩子报了民族舞、朗诵、绘画、吉他、滑冰、芭蕾、游泳，还有硬笔、软笔书法加击剑，她带着孩子每天赶场，时间都不够用了。她虽然发了朋友圈抱怨，但其实每天还在坚持。各位嘉宾怎么看这种妈妈呢？

康　震　我觉得这都疯了。

景岗山　我感觉她自己既乐在其中，也被痛苦困扰着。

郝　靖　对。所以一提起生二胎，很多妈妈就很崩溃，因为养一个都忙成这样了，养两个不知道得成什么样！

景岗山　你说她每天这样，难道她没有自己的工作，没有自己的事业吗？

郝　靖　有的女性成为妈妈后，真的就放弃了自己的事业。

康　震　不能理解。

景岗山　我也完全不能理解这个。感觉这样的妈妈是先把自己弄疯，然后再把孩子逼疯。其实我觉得大可不必。虽然有句话叫"艺多不压身"，家长可能觉得技能越多，孩子以后发展的空间越大；但说句实在话，"一瓶子不满，半瓶子咣当"。你让孩子什么都学一点，最后可能什么都没学好，什么都不精通。

郝　靖　对。

景岗山　我特别不同意那句"不能让孩子输在起跑线上"。

郝　靖　但有人可能会说，景岗山当然有资格这样说了，因为他可以给孩子提供很好的条件，所以他不需要孩子很努力。可是对普通家庭来说，家长就是望子成龙、望女成凤。

景岗山　我有什么特殊的能力能保障孩子以后过上好日子？演员的孩子不一定就是演员，还是要靠孩子自己。

郝　靖　康震老师怎么想呢？

康　震　我跟景岗山老师的观念基本上是一样的。像我儿子吧，小的时候也学过一段时间钢琴，虽然他能在钢琴上弹出个调子来，但过了一段时间后就对钢琴失去兴趣了。后来他也学过一段时间唱歌，唱了一阵子呢也没兴趣了。

郝　靖　主要是没有拜景岗山老师为师。

康　震　不是，他放弃不是老师的问题，而是他对这个方向没有明显的兴趣。后来我们发现，有两个爱好是他自己真正喜欢的。第一，他喜欢跑步，跑得贼快，现在他还是他们中学短跑一百米、短跑二百米纪录的保持者，所以跑步让他很有成就感。也因为喜欢跑步，所以直到高二才开始学自行车。第二个是书法，他小时候练过一段时间，没坚持下来，后来有一次跟同学去国外交流，外国同学要求他们用毛笔写个字，其他同学都不会写，他一个"二把刀"就上了，写的是隶书。经过这件事，他觉得自己是个人物了，也认识到书法这件事比较重要。所以，他虽然学习很忙，但也愿意抽出时间来练一练书法和跑步。所以，现在他在人前能说得起话的就两点：第一是我跑得快，第二是我能写书法。

景岗山　文武双全。

康　震　我觉得这就够了，是吧？他要是技能再多，我都觉得他不像我儿子了。实际上，人的精力是非常有限的，你不可能四面出击。所以，我觉得一辈子有一个主业，然后有两个业余爱好，能怡养性情，在郁闷的时候能够让你找点乐子，这就行了。你要把自己弄成十项全能，估计很多人都不敢跟你交朋友了，是吧？瞅着你都有压力了。

景岗山　而且也不现实。

郝　靖　实际上就是说，对孩子的学习要因材施教，对兴趣爱好也要因材施教。关于学习和兴趣的问题，我们古人是怎么看的呢？

康　震　举一个我们熟悉的教育家梁启超①的例子。梁启超特别喜欢

---

① 梁启超，中国近代史上举足轻重的大学者之一。他是一名非常成功的家长，造就了"一门三院士"的家教奇迹。梁启超写给儿子梁思成的家书，涵盖了成长道路上的方方面面，现在读来，仍让人觉得感动，且受益匪浅。

给孩子写信。他儿子梁思成在宾夕法尼亚大学，读的是建筑系，他后来的儿媳妇林徽因读的是美术系。在很多父母看来，比方说我跟景岗山老师，我们俩虽然对孩子管得比较松，但是等他们大学毕业的时候，我们俩首先考虑的肯定是孩子毕业后要干什么。我们虽然能供你上学，但是你毕业了就不能再靠父母了，还得找工作啊。

景岗山　是。

康　震　你猜这梁启超有多牛？——梁思成快毕业的时候，梁启超给梁思成写信说：我觉得你学了四年，甚至五年的建筑学，太窄太枯燥。你都快毕业了，我建议你多学点常识，特别是文学或者人文学科的内容，把自己弄得有点性情。我愿意你回来的时候，还给我一个活泼、灿烂、欣欣向荣的少年，就像你出国前那样。我可不愿意你因为学了这个专业，回来的时候说不能说，写不能写，也没有个情趣。所以啊，你趁着快毕业这段时间，抓紧时间让自己多读点有意思的东西。你看，梁启超没跟梁思成说，你快点找工作，而是叮嘱儿子要变成一个活泼的人。为什么呢？因为梁思成不像林徽因，林徽因性格很开朗、活泼，喜欢郊游、社交、写诗。梁思成不是这样的人，他的个性是比较中规中矩。梁启超了解儿子的特点，就给梁思成写了这封信，信末了还说，这个话不只是给你说的，你也可以告诉徽因，你们两个都应该这样。

我觉得像梁启超这种父亲，很有针对性地教育孩子，真是很少见。一般父母，给孩子写信估计就会说，我给你找了位工作，你要不然挑一个？

郝　靖　像梁启超这样的父亲真的是太棒了！你们应该也是这样的父亲吧？

康　震　真正实践起来是比较困难的，因为你放不下孩子的学习、工作，毕竟这是很重要的。比如我在这里说，我儿子跑步跑得很快，毛笔字写得也不错，这都是他自己喜欢的。但是，我还是禁不住会问孩子考试成绩到底怎么样。如果他某一次或者好几次，突然考得很糟糕，那我也会很着急。所以，实际点讲，我觉得整个社会要形成因材施教的氛围，否则，我们自己虽然有这样的一种心愿，但是会因为整个社会氛围比较焦虑，是不因材施教的，是一律强调"不能让孩子输在起跑线上"的，想因材施教的家长，内心也不免会动摇。但是，我们还是要清楚自己的学生、孩子、下属，他们到底适合做什么。我们越早意识到因材施教的重要性，越留心观察，就越容易帮他们找到合适的定位。比如对孩子，就不至于出现一次给他报 N 多班这种情况。既浪费了时间，也浪费了才华。

郝　靖　景岗山老师，你很在意孩子的成绩吗？

景岗山　说心里话，不是特别在意。因为我觉得，小时候你成绩的高低，决定不了你长大是否能过得幸福。

康　震　是的。

景岗山　当然，能学习好最好。

郝　靖　我听出来了，景岗山老师和太太，是觉得让孩子有一个快乐的童年，有一个很好的性格，更重要。

尚　豪　我特别赞同景岗山老师说的。我就是普通班的学生，而且我在普通班也不是第一，我一直是我们班第九、第十名。我父母不是特别在意这个。和景岗山老师一样，我父母让我快乐成长，希望我有个好性格。我小的时候是一个特别内向的人，父母就带我去参加一些社交活动，慢慢地我也变得外向起来。如果不是他们这样培养我，我今天估计也不可能坐在这里和各位老师畅谈。

郝　靖　而且外国语大学小语种专业的学生，毕业后很有可能要做外交官，这种职业要跟人打交道，性格一定要开朗点儿才可以。

尚　豪　我觉得我的性格真的变化很大。我小时候喜欢自己画画、读书，也不怎么和别人交流。但是现在我就特别喜欢和别人交流，尤其是外国人，所以我假期经常会去不同的国家做义工，或者去做一些项目，这些经历对我能力的提升又特别大。

景岗山　手动给你父母点赞，真的非常棒。

郝　靖　是。

景岗山　一开始我还想：啊？你父母怎么给你把所有的班都报了？但是，你父母跟现在很多家长不一样，他们是广撒网，然后因材施教重点培养，而不是说逼着你所有课外班都坚持学。钢琴学了两天，孩子说不喜欢，那就不学了，孩子喜欢背单词，那就来这个。最后培养出一个学阿拉伯语专业的儿子。而且你刚才说，没有上过重点班，那一点儿不丢人。有句俗话叫"宁当鸡头，不做凤尾"。你说你在重点班里，每天熬灯费蜡地学习，但是你在这个重点班里永远是最后的、垫底的。你在普通班，轻轻松松就名列前茅，何必非得给自己找不痛快呢？自信心最重要，对不对？

郝　靖　所有普通班的学生，也要给景岗山老师手动点赞！其实三百六十行，行行出状元。每一个孩子都是独一无二的。无论是家长还是老师，培养孩子切忌标准化。要寻其特点，利其个性。健康的身心、高尚的情操，也是不可或缺的，这才是真正的因材施教。

扫码观看本期节目视频

感悟

等一朵花开

"因材施教"是一个老生常谈的话题，教育者和家长大都懂得这个道理，可是懂道理的另一边，却是培养方式和标准的单一。在为康震老师、景岗山老师和尚豪父母手动点赞的同时，我不免又生出一些担忧：老师和家长纵然能识得孩子独有的天赋，又是否有足够的勇气和信心去呵护、激发这份天赋呢？

这让我想起网上很有名的关于花期的比喻："每个孩子都是一颗花的种子，只不过每个人的花期不同。有的花，一开始就灿烂地绽放。有的花，需要漫长的等待。不要看着别人家的孩子怒放了，自己的孩子还没动静就着急。要相信，是花都有自己的花期。细心地呵护自己的花，慢慢地看着它长大，陪着它沐浴阳光风雨，这何尝不是一种幸福？相信孩子，静待花开。也许你的种子永远不会开花，因为它是一棵参天大树。"

每个孩子都是特别的，因材施教就是去发现、尊重这些特别。面对所有孩子，老师是否可以发现每个人的不同之处，进行分类教育？面对一个孩子，家长是否能够做到不盲从，寻其特点，利其个性，激发孩子的天分和长处？

面对一个班众多的孩子，老师能从中发现那些天赋特别突出的孩子并给予引导、激发、鼓励，已是幸事，对于大多数孩子来说，能否成就属于自己的"材"，家长才是那个最重要的助力。要做好这个助力，除了康震老师所说的识人，还需要有强大的内心，不屈从于统一的培养标准。康震老师的"放养"和景岗山老师的顺其自然正是基于这样的强大内心。可当下社会有太大压力和太多竞争，很多家长就像节目中我说的我那个焦虑、用力的朋友一样，着急又手足无措，被人群裹挟着，横冲直撞，步履匆匆，却不敢停下脚步。

家长们的焦虑很容易得到理解和共鸣，因为很多年来，我们形成了一个看似完美合理的准则：求同存异。虽然存异，前提却是求同。中国人善于求同，所以才有了那么多"别人家的孩子"。在某种程度上，这是一种榜样的力量，而在用榜样塑造一种完美的背后，是培养标准的单一。很多家长的焦虑不是因为自己的那颗种子没有开花，而是别人的花都开了。这让我们巨大的焦虑显得有些荒诞，因为"儿童本就是各不相同的"，每个孩子都有自己的价值，而真正的培养是帮助他们发现和实现这种价值。

每个孩子都有自己的花期，会在应该绽放的时候绽放。在此之前，可能会有一些过"慢"的成长，甚至背离了家长的期许。而因材施教，就是要学会在这种时候不惊慌，不急躁，去发现孩子的兴趣和优点。发现不同，是对每一个个体的尊重。这不仅关乎孩子的成才，还是引导他们自我认知所必备的。给予孩子更多的鼓励，尊重孩子的个性、特长，培养积极乐观的心态，教会他们勇于自我表达和判断……比起我们能给孩子创造的优越的物质条件，引导他们形成正确的自我认知更重要。我们创造的条件只存在于当下，未来的境遇无法预测和决定，了解自己、认知自己却是持续并且重要的。"何须浅碧轻红色，自是花中第一流"，让孩子坚信"我是最特别的那个自己"，是送给孩子去应对未知世界的最好的礼物。

在这样一个人工智能高速发展的时代，我们动辄提超级个体、核心素养，可究竟什么才是一个人真正的核心竞争力呢？我想，不是才华、专业、学历，而是那个不能被替代的，专属于自己的标志吧。

不要去追赶"别人家的孩子"，你就是"最独特的你"，这便是我为"因材施教"所做的脚注。

践行手册

看了这一期节目，你有什么感触呢？欢迎写下

页　　码

原文摘录

应用计划（请联系你最近三个月内的相关经历，写出你打算采取怎样的行动，以及开始的时间、频率、目标、步骤以及监督人）

父敬母爱

FU JING MU AI

姚舜牧在其家训《药言》中说:"一孝立,万善从,是为肖子,是为完人。"孝与感恩是人最基本的美德。孝敬父母是我们每个做儿女的都应该做到的,但是在生活中却往往会被忽视。孝敬父母是很多现代人缺失的一门功课,可是,孝敬父母真的那么难吗?

父敬母爱

父敬母爱，是子女回报父母的一种善行和美德，是晚辈在处理与长辈关系时应具有的道德品质和必须遵守的行为规范。

（老莱子在田里采摘瓜果，在河里钓鱼，给父母送去。）

老莱子：这是我爸我妈最爱吃的。

（老莱子拿着拨浪鼓扮小孩逗父母开心。）
老莱子：爸妈开心就好。

（老莱子摔倒了，不想让父母担心。）
老莱子：不能让二老担心，我得假装是自己故意摔倒的……

访谈

康震
北京师范大学文学院教授、《百家讲坛》主讲人

陈红
著名配音演员,代表作《小王子》《小鲤鱼历险记》《加油!金顺》

卡佳
北京外国语大学俄罗斯留学生

■ 孝顺，是让父母感到愉悦

康　震　老莱子的故事是说，身为子女，在父母年纪大的时候，应该让他们身心愉悦，让他们感受到幸福，感受到子女对他们的爱。老莱子虽然已经是七十多岁的老人了，可能也有孙子了，但他还愿意用这样一种非常儿童化的方式来孝顺父母，让他们快乐。①

郝　靖　对。我们常常把孝敬父母挂在嘴边，但实际上，在我们的生活当中，好像对子女付出爱的时候是毫无保留的，但是孝敬父母却没那么用心，总会因为这样那样的原因做不到或者做不好。

康　震　对。

郝　靖　陈红老师，我知道您很孝敬父母。您是吉林人吧，到北京工作之后，就把父母接到北京来了。

陈　红　对，我出生和成长都在长春，现在在北京工作，父母一直是在我身边的。但是他们看病什么的还回老家，调理好了之后，我又把他们接回来。

---

① 编者注："二十四孝"里有很多编造的故事，源头是一些传说甚至原始社会的神话故事，由于宗教信仰、神话故事和史实杂糅，很容易使得孩子思维混乱。这里只是借"戏彩娱亲"的故事引出孝敬父母的主题。

郝　靖　为了不给您增添负担,所以回去看病?

陈　红　对,回去看病。但是我为父母做了什么呢?真的没有做什么,我觉得特别惭愧。我现在在导戏,作为导演,要先把这个戏了解透。尤其遇到外国片子,我基本上从早晨八点就要坐在电脑前看,到深夜两三点才看一遍。父母在我身边,有时候就是看电视、说话,或者拿一个东西,这时候其实我内心就有点烦了。但是现在我提醒自己,一定不能烦,因为他们陪伴我的时间不是很多了。

郝　靖　那您家里有这种传承吗?比如您的父母原来就很孝敬爷爷奶奶,或者有相关的家训吗?

陈　红　我父亲跟我讲过。他说一般孩子的记忆大概是从三岁开始有吧,但是他好像是两岁左右就有记忆。那个时候正好发生南京大屠杀,1937年,我奶奶带着几个孩子逃亡——我奶奶生了十四个孩子,因为战乱、贫穷,有六个孩子夭折了——过长江的时候马上就要到岸边了,摇船的人说:船要沉了,是扔孩子还是扔行李?奶奶不能把孩子扔掉呀,没有办法就把行李扔掉了。可是那些箱子里装着家里仅有的一点点值钱的东西。爸爸的印象是,奶奶一直抱着他哭。那时候他才两岁,他就想,一定要把妈妈养到老。

郝　靖　说到孝敬父母,康震老师能不能给我们讲一讲这方面古代的家训或者故事?

康　震　这方面的例子可太多了。中国古代社会跟我们现代不一样,是农业社会。农业社会里几世同堂的现象很多,所以孝敬父母、关爱子女就成为这种大家庭的传统。比如说苏轼的家庭。①苏轼、苏辙的父亲苏洵很有学问,是大文学家。他们的母亲姓程,出身当时四川眉山的大户人家。从小父母就对他们兄弟要求非常严格。苏洵带着苏轼和苏辙去开封参加科举考试,结果他们都考中了进士。这时候,他们的母亲去世了。按古代的规定,他们应该放弃做官,回到四川丁忧,为母亲守丧。

守完丧之后,兄弟俩再次回到开封参加制科考试。苏轼的考试成绩名列第一,就到陕西凤翔做官去了。当时,苏洵在开封做一个很小的官,如果苏辙也去外面做官的话,谁来陪父亲呢?于是苏辙就放弃了当时的选官,不去做官了,在开封陪着父亲。因为古代资料的匮乏,我们现在很难知道苏轼和苏辙具体是怎么孝敬父母的,但是从他们回忆父母的文章里,可以感受到他们对父母教诲的感恩。所以我想,父母在世的时候,就像刚才陈红老师说的,一定要多陪伴他们,给他们快乐,让他们感觉到幸福。即便父母不在了,也要常常感念他们的恩情,把他们教育我们的,传给我们的子孙,这是对父母最大的孝顺。

郝　靖　卡佳,听了两位老师的谈话,有没有想到自己家在孝敬父母上有什么样的家风或者传统呢?

卡　佳　我们没有具体的家训,但是我们从小就知道应该尊敬父母、

---

① 苏洵、苏轼、苏辙世称"三苏",父子三人皆为北宋著名文学家、思想家、政治家。他们能有如此高的成就与其家族的家训家风密不可分。随着时间的流逝,"苏门家风"渐渐超越一宗一脉的意义,赢得了国人的口碑,流传至今。

疼爱父母、关心父母。因为家人是最重要的。

郝　靖　那具体应该怎么做呢？

卡　佳　我们不应该和他们争论。

郝　靖　争论？对孩子来说，就是不顶嘴对吧？

卡　佳　对，我们应该理解他们。如果他们说错了，也要很礼貌地跟他们说，不要用恶劣的语气或态度跟他们说。孩子跟父母做朋友是最好的，那样就可以互相支持，有什么问题可以一起解决。

郝　靖　看来在这一点上，俄罗斯和我们还是有很多共通之处的。不过西方很多父母和孩子要平等，要做朋友，这跟我们古代不太一样吧？

康　震　对。因为中国古代讲究的是家国，就是一个家和一个国一样，是要有秩序的。比如说，我还记得我上初中时候读过的朱德的《回忆我的母亲》。朱德在那篇文章中说他有一个大家庭，他母亲生了很多的孩子。每天天不亮的时候，他母亲就起床为全家人做饭。天亮之后，他的父亲和兄长下地干活儿，他的母亲、姐姐、妹妹这些女人，就在家里做家务。我们可以看到，在这样一个家庭里，大家要各司其职，一起来维持家庭的运作，彼此之间要保持和谐的关系。所以中国古代特别重视孝，因为孝是建立家庭秩序的基石。孝不仅是一种观念，也是现实的一种秩序，是一种纽带，是我们人类社会与动物界最大的不同。比如母狮子会喂养它的小狮子直到它们可以独立地出去觅食，但是我们没有见过小狮子回来反哺这个母狮子，对不对？而在人类世界里，既有长辈关爱幼小，又有幼小孝敬长辈。所以"孝敬"是一个人伦的观念，这是人类很伟大的地方。它以此来维护一个族群的完整和延续，而且在这当中，老一辈获得充分的尊重和良好的声誉，下一辈也获得了更好的哺育。在这个层面上，人类的尊严才得以显现。所以这是人类发展过程中伟大的一步，它使人类的存在具有特别的文化内涵和意义。

郝　靖　我们古代社会是农耕文明，一大家子在一起，孩子也多。所以像康震老师刚才说的，孝是维系家庭运转的一个非常重要的环节。当然，它更是一个人最基本的美德和重要品质。可是随着社会的发展，子女们都有了自己的事业，很多人也没有跟父母住在一起，这个时候我们是不是把孝看得有点淡了，仅仅挂在嘴上，但在实际行动中做得没那么好了。陈红老师，您觉得呢？

陈　红　我觉得就像很多公益宣传片中所描述的那样，不少孩子有的时候都懒得给父母打一个电话。现在很多孩子进入大学校园之后，有了自己的生活，能给父母打几次电话呢？真的太少了。我们总觉得孝敬父母还有大把时间，但是现在看，时间在飞逝呀！

郝　靖　我前段时间看到一个表格，计算了我们还能陪伴父母多久。看了以后突然很辛酸，想起一首名为《父亲》的歌："时光时光慢些吧，不要再让你变老了……"我心里挺难受的，我们在现实生活中，为了工作，为了孩子，为了很多其他的事，似乎把孝敬父母给忽略了。

陈　红　对，总觉得他们好像一直在我们身边，也没有什么事。只要他们没有给我们来电话，就认为一切安好。我记得2004年的时候，有个配音录了整整一年。我每天工作十二个小时，一年只休息了两天。那时候，我母亲出车祸了，父亲也没跟我说，还是我一个朋友说往我家里打电话没有人接，已经连续两天了。然后我就给家里打电话，也没有人接。后来再打手机，父亲才告诉我。但是那个时候我在录音，根本没有时间回去看他们，真的很愧疚。

郝　靖　是的，时间和空间上的阻隔可能是我们在孝顺这件事儿上最无奈的。卡佳在外求学，有没有常常想到父母对你的好，或者自己以后该怎么孝顺父母呢？

卡　佳　实际上我非常想念他们。我妈妈是我最好的朋友，我们的关系非常亲密，现在我每天都给她打电话。有时候如果时间比较合适，我们还可以视频联系。我会告诉她有什么新闻，发生了什么事情，我在做什么。但是，我爸爸在别的城市工作，现在有一个项目，工作也非常忙，所以我不常给他打电话。不过如果有什么大的问题，不知道怎么解决，我会直接给爸爸打电话，因为他更了解生活是怎么样的，很有经验。

郝　靖　所以卡佳是一个典型的"小棉袄"。在孝敬父母这方面，你认为现在应该做的就是经常跟他们交流，对不对？不能有了自己的朋友、生活之后就忘了跟父母交流、沟通。

卡　佳　对，但这在俄罗斯不是传统，我的朋友并没有和父母有那样亲密的关系，他们比较独立，我觉得我做的还是比较好的。

郝　靖　对。中国人对孝顺父母这方面，是比较重视的。中国有句古话：父母在不远行，若远行必有方。

康　震　对，中国古代特别注重宗族的延续，所以孝就有公共道德伦理的意味。比如说卡佳，她自己很孝顺父母，跟父母的关系很好。但是她周围的朋友并不会因为她的好或者他们的不好，而心生愧疚或者是受到道德上的质疑。但在中国不是这样，一个人要是不孝顺，就会背负道德的谴责。"百善孝为先"，孝已经成了一个公共的舆论道德。这种舆论道德已深入人们的内心。所以在一个孩子的成长过程中，并不需要特别教育，他自然地就有了这个观念，不管他做得好不好、周不周全，但他肯定会这样去做。

而且我觉得，孝顺父母有一个很重要的作用，就是让你弄清楚你是从哪儿来的。其实我们现在有很多人，经常觉得自己特别牛，觉得自己的成就是自己一个人打下

来的。这是一件非常危险的事情，这样的人是很难走远的。所以，要知道自己从哪儿来，为什么从那儿来，又为什么走到现在，就需要经常回去看看父母，经常跟父母在一起，不管跟他们说得多还是少，那都是你来的地方，是你的家。

我自己渐渐地也很注意这个问题。我在北京，父母在西安，但是我现在形成了一个习惯，只要一放假，就先回西安老家。因为我爸是一个特别喜欢玩儿的人，所以我头一天晚上就会问他想去哪儿玩。我爸常说哪儿都行，然后我找一辆车，把老两口拉上出去转一天。我爸虽然已经八十多岁了，但是身体特别好，爬山还可以爬得很高。我带他们出去转，他们很高兴。其实给父母带来幸福感的方式有很多种。有一次回去之后，因为下大雨实在没地儿去，我跟我爸说："这样，我打个专车，带着你们在西安市里转转。"他们坐在后头，我就跟他们说到哪儿了。后来说得司机都迷糊了，问我们到底要去哪儿。我说灯多的地方我们就去，灯黑的地方我们不去。

陈　红　去热闹的地方散心。

康　震　司机问我要干什么。我说我不经常回来，所以就带父母转一转。后来那司机也说，小伙子真不错。这件事也让我自己特别满足，就觉得特别舒心。不是在履行一种责任，是找到了自己的幸福。虽然他们有时候玩得很累，但是他们很高兴，那不就是很幸福的事情吗？幸福在哪里？幸福就在我们的身边嘛！

郝　靖　是的，的确是这样。陈老师平时在生活当中，在孝顺父母这方面都是怎么做的呢？

陈　红　我差得太远了，就觉得好像没有做什么。有一次我在传媒大学上课，下课的时候接到了父亲的电话。他在长春，家里就他一个人。他摔倒了，头上划了一个特别长的口子，流了很多血，他自己心里有点害怕了，就摸到电话给我打，又说没什么事，就是让我给妈妈打个电话让她赶紧回家。

郝　靖　父母一般不轻易打电话的话，主动给我们打电话，都是有大事。

陈　红　我不知道啊。我说那找妈妈干吗呢。他说也没什么，你就让她赶紧回来就行。然后我给妈妈打电话，没有打通。这时候，他又来个电话问我打了吗。我说打了没有打通。他说你再接着打。这时候我就开始有点着急了，我赶快问：你怎么了？他说摔倒了，头破了。急得我呀，就觉得这手怎么就伸不到长春！这件事情让我感觉到，我必须让他们在我身边。

郝　靖　所以你把他们都接过来了。

陈　红　对，这样我能安心。

郝　靖　太好了。其实孝顺父母是我们的古训，几乎所有的家训都要提及孝敬父母。很多人在交朋友的时候都要看对方对父母怎么样，如果不好，就不跟他交朋友。这种择友标准我觉得很有道理。如果他连自己的父母都不孝顺，还能对谁付出真心、真感情呢？而且孝顺父母还有一个特别重要的影响,就是你的行为同时也教育了孩子。

康 震　是这样的。

■ 做好自己的事业,也是一种孝

郝 靖　还有一句话是这么说的,"忠孝不能两全"。说到这个话的时候,我突然想起了我们的"核潜艇之父",就是前段时间习总书记给让座位的那位老先生。康震老师知道那位老先生吧?

康 震　对,黄旭华。我看过一个关于他的专题片。老先生今年已经九十三岁了。他一生都在为国家研制核潜艇,是一位大科学家。

郝 靖　据说他三十年都没有回过家。

康 震　因为核潜艇不是一次造出来就完了,它还要升级、改版。而且他这个工作是高级机密,所以他就没有回过家,没有管过家里任何事情。就跟邓稼先一样,家里相当于就没有这么个人。但其实黄旭华先生家是个大家庭,他有老母亲,有很多兄弟姐妹。在很长一段时间里,家里人都不理解,觉得这三哥有问题。

陈 红　他还不能解释,是吧?

康 震　对,连他夫人都不知道他在干什么。当年邓稼先的夫人只知道他在为国家做事,但具体在哪个单位做什么不知道。后来黄旭华的工作到了一定程度的时候，就像邓稼先一样，我们要宣传这些为国家做出重大贡献的人，国家开始报道他，才在报纸上登出了他的事迹。他的老母亲看到了，跟他的那些兄弟姐妹说，原来他一直在做一件伟大的事情，我们都不应该误解他。

郝　靖　我昨天看报道的时候也特别感动，说他父亲去世的时候，他根本就没在身边，而且根本就……

陈　红　不知道吧。

郝　靖　不知道，也没回去，所以全家人都觉得这个人简直是太冷血了。三十年后他再回去，母亲已经白发苍苍了。他抱着母亲，就跟小孩儿一样痛哭。当有人问他忠孝不能两全这个问题的时候，他说，我对国家最大的忠，就是对我父母最大的孝。

康　震　是这样。因为这个国家毕竟有很多大事需要有人去做。你做了大事就顾不了小家。但是也需要很多像黄旭华的母亲这样伟大的母亲。所以我想，我们的祖国强大也是因为有很多这样伟大的父母和忠孝都在内心的优秀的子女。

郝　靖　是，我们做好了自己的事业，其实也是一种孝。

康　震　是的。

郝　靖　其实父母经常会考虑我们在忙事业，所以不愿意打扰。而且他们看到你工作取得了不错的成绩，他们会说，看我孩子多厉害。

陈　红　我记得我妈妈说以前我配音的所有的电视剧、电影她都会留着。

郝　靖　所以我们还是应该在自己的事业上做出成绩,这样也是对父母的一种孝。

■ 孝,表现在生活中的每一件小事上

郝　靖　网上有一个短片,我们一起来看一下。
（旁白）当你还很小的时候,他们花了很多时间教你用勺子、用筷子吃东西,教你穿衣服、绑鞋带、系扣子,教你洗脸、梳头发,教你擦鼻涕、擦屁股,教你做人的道理。你是否还记得你们练习了很久才学会的第一首儿歌,你是否记得经常逼问他们,你是从哪里来的？所以,当他们有天变老时,当他们想不起来或接不上话时,当他们啰啰唆唆,重复一些老掉牙的故事时,请你不要怪罪他们。当他们开始忘记系扣子、绑鞋带,当他们开始在吃饭时弄脏衣服,当他们梳头时手开始不停地颤抖,请不要催促他们,因为你在慢慢长大,而他们却在慢慢变老。只要你在他们眼前,他们的心就会很温暖。如果有一天他们站也站不稳,走也走不动,请你紧紧握住他们的手,陪他们慢慢地走。

郝　靖　看完这段短片之后呢,我想大家都会有感触,有没有想到我们的父母现在正在慢慢变老呢？

陈　红　是啊。我前几天去演出,就到鞋箱里面去翻我演出的鞋,

结果找到一张有房屋图的纸卡，心想这张纸留着有什么用，就打算扔掉。扔的时候我翻了一下，那上面还有一点点灰尘，翻过来一看，2008年9月24日，我父亲给我写了一个留言。他说：今天我走，为什么没有告诉你，就怕你惦着我，要送我，然后回来还要很晚，路上很黑，我想让你早一点休息。还有就是长春家里的钥匙我有，我也没有告诉你的母亲，我想让她睡个好觉。冰箱里有我炒的菜，电饭煲里有饭，你不要受冻，不要饿着自己，也不要太累了……今年是2017年，这么长时间，我真的都没有注意到他给我写的这些话！

郝　靖　是啊，我们的父母都在慢慢变老。也许我们不经意间突然发现，父母怎么走路慢了，没有以前那么利索了，脸上的皱纹也更多了，看上去更憔悴了。这个时候你要想想，我们应该多陪陪父母，多孝顺父母，多做一些让他们开心的事情。不要留下"子欲养而亲不待"的遗憾。还有一点就是，我们不该对父母做什么样的事、说什么样的话，还是康老师给我们先讲吧。

康　震　我还记得有一次我刚陪父亲回了趟陕北老家，结果回到北京之后呢，为一件小事情，他提了一个诉求，但是我当时就觉得这个很麻烦、很无聊。正好赶上我很疲劳，心情很不好，我当时突然就站起来表达了强烈的不满。我爸没有想到我会做出这种反应，因为在他的心目中我是比较乖的，而且有大局观念。所以他当时就很难接受，后来我们两个人就吵起来了，而且吵得比较激烈。我爸是自

尊心很强的一个人，这一吵就比较严重，他就闹着要走。我很快就意识到我应该找一个场合跟他道歉。但是作为北方男人，特别是父亲和儿子之间发生冲突，道歉是很困难的。中国人并不擅长表达"爱"这样的感情，也不擅长直接表达歉意，说"爸爸非常抱歉"这种话。后来大概是两三天之后，我们在饭桌上吃饭，我说："爸，您是不是还要走？"他说："这个地方确实不能再待了。"我说："爸，我非常非常对不起您，那天不管我们讨论的是什么事情，我都不应该跟您吵架。如果您现在要走，是因为这个原因，我愿意很正式地向您道歉。"我爸特别好面子，他就没吭气，脸还是板得很正，就在那儿听着。我说："爸，我特别想做一个好儿子，但是有时候我控制不住自己的脾气，但并不意味着我是个坏儿子。我今天就想跟您充分地沟通一下，我觉得您还是不要走。您走了我会很不放心。我今天跟您道歉，希望您能接受我的道歉。"然后我爸一直都没有说什么，后来过了两天，他开始主动跟我聊天，我们两个还是处得非常融洽。所以我觉得我们该说的话就一定要说。在父母面前，你其实没有什么面子问题。

陈　红　其实此时父子之间心与心贴得就更近了。

康　震　我觉得这很重要，我原来其实并不是一个特别明事理的人，比较自我。后来不知道从哪天开始，我突然觉得父母非常重要，觉得即使我做了很多伟大的事情——如果我能做的话——也抵不上我回去，跟他们在一起。

郝　靖　说到这，因为我跟父母是住在一起的，毕竟不是一代人，他们很多观点还是跟我们不一样。比如他们觉得很多旧的东西还是非常有用，应该留着，说不定哪天就用上了。我就觉得这些东西都应该扔了。为这个事情，我们经常会发生争执，甚至我会高声地跟父母说话，现在想起来很不对，但是我从来没有跟我父母，像康震老师这样，特别勇敢地说声对不起。

陈　红　一会儿下了节目之后说。

郝　靖　我要说，一定要说。所以我觉得真的，很多事情可能是我们该做却没有做，很多事情我们不该做却做了。陈老师觉得有什么事情是我们不该对父母做的？

陈　红　我到现在，一直都挺听父母的话。基本上没有做过什么违背他们意愿的事。只有当初考表演专业，我父母特别不同意，因为他们觉得搞艺术太难了，而且作为女孩儿，就不应该做这个。但那时候我就是喜欢。我记得在我考试的前一天晚上，父亲第一次打了我一个耳光，但是我没有听他的，第二天还是去考了。毕业后我到了长春电影制片厂，一直在做配音工作。十几年之后，有一天父亲跟我说，你选择的这条路是对的。

郝　靖　卡佳，你有没有做过什么让父母觉得特别骄傲、特别感动的事呢？

卡　佳　9月28日是我妈妈的生日，但是我在北京，不方便买别的礼物，我就订了一束花。她生日那天早上起来的时候，就收到我订的花，她说她非常感动，非常意外。

郝　靖　其实古代家训中还有告诫父母怎么样教育孩子以后孝敬父母的故事，康老师，是这样吗？

康　震　是。中国古代最著名的家训，可能就是《颜氏家训》[①]。

郝　靖　颜之推。

康　震　对，他是颜回的后代。《颜氏家训》里有一篇是《教子篇》，这里边讲了一个非常深刻的道理："父子之严，不可以狎；骨肉之爱，不可以简。简则慈孝不接，狎则怠慢生焉。"用现在的话来讲，就是父亲与孩子之间不能过于亲密，否则父亲没有了威严，将来就无法教导孩子。

[①]《颜氏家训》是南北朝时期著名学者颜之推留给后世子孙的精神财富，享有"古今家训，以此为祖"的美誉。《颜氏家训》内容丰富，见解独特，可谓字字精湛，句句经典，在家庭伦理、道德修养方面对我们都有重要的借鉴作用。

父母和孩子之间不能没有分寸，否则就不可能生出真正的慈爱，子女就不可能真正地孝顺父母。现在有很多父母溺爱孩子，这孩子长大了反而可能不会孝敬你。因为当你溺爱孩子的时候，他认为这都是应该的。你严格要求他，他长大之后会感到你对他的爱很有分量，很有价值。而你溺爱他，对他放松了要求，他将来一事无成，不仅不会孝顺你，还会埋怨你。

郝 靖　所以还有一些家训说，不担心母亲不慈爱，哪个母亲都会爱自己的孩子，这是一种天性，但是就担心这个母亲太溺爱，溺爱会害了孩子，而且孩子长大也不会孝顺。不过说到底，家长以身作则才是教育孩子的最好方式。"百善孝为先"，孝敬父母不应是挂在嘴边的一句话，也不应是偶尔才想起的一次探望，而是要行动在生活的诸多细节之处，不要忽略遗忘这最重要的情感。

扫码观看本期节目视频

感悟　有一天……

我看过一个故事，叫《有一天》，是一个关于母亲和女儿的小故事。它用母亲的口吻描述了女儿从出生到老去的诸多个一天，其中有一句："很久很久以后的一天，你的头发也会在太阳底下闪着银光。那天到来的时候，亲爱的，你会想念我。"这短短的几句话，柔软了很多妈妈的心。当你沉浸在这个温柔的故事里时，当你尽心地呵护着自己的孩子时，当你带着一丝失落面对因孩子成长即将到来的"小别离"时，有多少人会想起自己的母亲也是这么温柔地牵挂着自己的。费兰特说，一个不爱自己母亲的女人是一个迷失的女人。也如康震老师所说，孝顺父母让我们知道自己从哪里来，为什么走到这里。

我在这里不想做任何关于孝顺的说教，因为我认为孝应该是深植于每个人内心的一种观念和态度。我们不是不孝顺，只是常常不得已。就像很多人说的，我爱我的父母，可是我没有时间。

等有一天，我赚够了钱……

等有一天，我不那么忙了……

等有一天……

可是突然有一天，你喊了一声爸妈，却再也没有人应答……

其实大多数人从内心都是爱父母、想要孝敬父母的，但是总被各种事情耽搁，总想着还有时间，可是这世间最不能等的就是孝。人生在世，步履匆匆，总有一些来不及，"子欲养而亲不待"是人生最大的遗憾。

一个朋友跟我讲过这样的遗憾，她说自己记忆里始终有一个美好的下午，她跟表哥表妹一起在院子里陪外婆聊天。外婆在村里待了一辈子,兄妹们一起畅想着等毕业赚钱了,要带外婆去哪里玩儿,拍合照,吃好吃的东西……可是外婆最终还是没有等到他们毕业、赚钱。很多年以后,她去参观龙门石窟,看着那么多佛像,那样壮观,她想,信佛的外婆看到这个一定会很开心。这时,那个下午的记忆全部向她涌来,她甚至记得所有的许诺和细节以及外婆憧憬满足的表情。"突然,我的眼泪就下来了",她跟我说,"这是我第一次真正理解要及时行孝。"

除了不得已,还有不得体。我爱我的父母,但是不知道该怎么跟他们相处。他们仿佛变得越来越不可理喻,好面子、唠叨,我曾经那么崇拜、尊敬和爱着的父母怎么会变成这样?这可能是当下更常见的一种情况。随着时代的发展进步,我们越来越注重个人作为独立生命的存在和个人价值的实现,这当然是一种进步,可是另一方面,我们也在用这样的观点解构着孝顺。原生家庭、代沟、"非爱行为"等一个个时髦的词告诉我们,跟父母之间的和解与和谐有多难。我们常常会看到这样的新闻,一些子女因为成长的压力和被过度管控而与父母决裂,一些子女因为被逼婚催育而对父母敷衍或逃离父母,可是有多少人跟父母平心静气地沟通过这些问题呢?

《论语》里面有一个词:"色难"。意思是对父母和颜悦色是最难的。情感上给予父母满足实在太难了,于是就付诸更容易实现的物质,但父母对物质的需求是很小的,他们最缺失的是跟子女之间的情感交流。即便有的父母跟子女生活在一起,也常常被子女排除在精神世界之外。有的人工作一天之后很疲惫,面对父母的问东问西不免会烦,对于父母的那些跟自己价值观不同的做法也会表示不理解甚至发生争执。然后慢慢地,可能你都注意不到,父母变得越来越小心翼翼。跟我们一样,父母也希望个人价值得到体现和尊重,否则便会缺乏安全感。遗憾的是，这一点，很少有子女会意识到。更多的时候，就像那句话说的，我们总是对陌生人太宽容，对真正爱自己的人又太苛责。缺乏耐心和情感交流的孝顺只是赡养，更多地是在满足自己的心理需求。

　　孝不是责任，而是一种自觉；不是简单的回报养育之恩的赡养，而要上升到爱。就像留学生卡佳说的，家人是最重要的，我们要珍惜他们，对他们好。可能西方国家不像我们这样重视孝顺、孝道，但是对于家人的爱是共通的。只有内心充满这样由衷的对父母的爱，才能真正做到孝。当我们发自内心地去关爱自己的父母、家人时，也一定会影响到其他家庭成员，尤其是自己的子女，从而形成充满爱和孝的家庭氛围。

践行手册

看了这一期节目，你有什么感触呢？欢迎写下

页　　码

原文摘录

应用计划（请联系你最近三个月内的相关经历，写出你打算采取怎样的行动，以及开始的时间、频率、目标、步骤以及监督人）

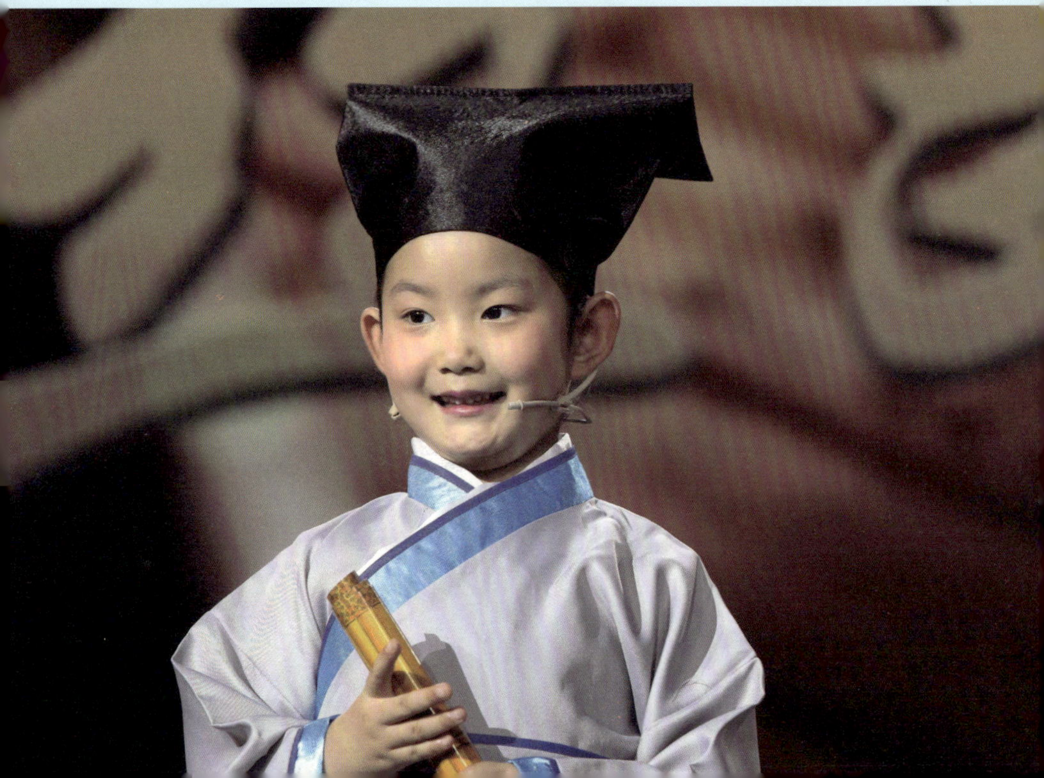

见微知著

JIANWEI—ZHIZHU

《曾国藩家书》当中有这样一句话:"古之成大事者,规模远大与综理密微,二者阙一不可。"意思就是说,成大事的人,不仅要有大局观,同时还要注重细节。这句话不仅适用于我们日常生活中的识人观物,更是一种职场智慧。

见微知著

见微知著，意指看到一个小小的细节就继续琢磨，以洞晓大的影响或结果，见到事情的苗头就能知道它的实质和发展趋势。

纣王：安排下去，找人给我做一双雕工细腻，用起来舒服的象牙筷子。

工匠：小人择日送来。

箕子想：用象牙筷子吃饭，就一定不会用陶土做成的碗具，必将用犀牛角或玉做成的杯盘。餐具改变了，食物也会随之改变，盛的不可能是豆菽青菜，肯定进一步升级到山珍海味。食物改变了，将不满足于穿着麻布，朝中之人也会仿效君王穿绫着缎。穿着改了，下一步将造豪华车子，建高阔殿宇楼台，追求享乐。如此下去将一发不可收拾，腐败之风会很快盛行起来。

箕子晃过神来，看见纣王正在为即将拿到象牙筷子而沾沾自喜。正如他所料，不过五年，纣王就被周武王所灭。

访谈

徐台杰
北京外国语大学罗马尼亚语专业学生

何云伟
相声演员

于赓哲
陕西师范大学历史文化学院教授、博士生导师

■ 生活中的细节决定了别人对你的判断

于赓哲 箕子这个人比较正直，也很关心国计民生。他看到商纣王开始用象牙筷子，马上由这个细小的现象，推断出这个人的心已经开始变了，已经开始追求享受了，这口子一开，下面就一发不可收拾。

郝　靖 这就是见微知著吧，可见这真的是一种人生大智慧。那我先问问云伟，你是一个见微知著的人吗？

何云伟 我是非常注意细节的。为什么呢？所谓讲究，就是指细节相当重要。举个例子，我们作为演员，在出场的时候要注重细节。如果观众不认识你，为什么给你喝彩？所以你这一出场一亮相，就要吸引观众的眼球。即使你已经出名了，出场不注重细节，跟在大街上走路似的，那也是不行的。另外，台大台小的出场也是不一样的。通过这一个出场，就知道这个演员的道行有多深，功力有多深。这都得在细节处做好。

郝　靖 是，注重细节很重要。那云伟家里有这样的家训吗？

何云伟 就是从小在细节上教育我们，要听话，有礼貌，见人打招呼。现在大家都是手机控，到哪儿都看手机。但是我到一些老先生家里去问艺、去学习的时候，就特别注重这个细节。到老爷子家去，我的手机基本上就处于震动模式。为什么呢？因为老先生教给你能耐，教给你段子，你这手机一会儿"丁零零"响了，说您等会儿说，我去接一电话。然后撂下电话，说了没两句，"丁零零"又来了，那老先生也就不告诉你了，说你先忙你的吧。

于赓哲　就不高兴了。人有时候就这样，对一个人的认识往往是依据他身上的某些细节，而且更多是无意当中的某个细节，判断出来的。比如唐朝有个著名的宰相张九龄①，他遇到年轻的安禄山，那会儿距离安史之乱②还有二十来年。

何云伟　二十几年前。

于赓哲　二十几年前了。张九龄就这么看了看安禄山，可能也听见了安禄山说话什么的，他马上得出个结论：未来乱幽州者必此人也。然后他就跟唐玄宗说：这个人你得杀了他呀！结果唐玄宗还不信：你怎么知道人家是坏人，怎么敢下这样的断言呢？后来安史之乱爆发，唐玄宗放弃长安往成都跑的时候，想起这件事了。那时候张九龄已经去世多年，唐玄宗就派了个使者去张九龄的老家广东韶关，祭扫张九龄墓。

郝　靖　那张九龄是通过什么细节判断出安禄山将来会叛乱的呢？

----

① 张九龄，字子寿，一名博物，唐朝开元年间尚书丞相。他是一位有胆识、有远见的著名政治家、文学家、诗人。他忠耿尽职，直言敢谏，不徇私枉法，不趋炎附势，敢与恶势力做斗争，为"开元之治"做出了积极贡献。
② 安史之乱是唐朝发生的一场政治叛乱，是由安禄山和史思明发动，同中央政权争夺统治权的战争，也是唐朝由盛而衰的转折点。由于发起叛乱者以安禄山与史思明为主，故称安史之乱。

于赓哲　问题就在这儿。史书上根本没有留下详细的记载，我们也不知道细节。我觉得张九龄这种聪明人，在政坛上摸爬滚打这么多年，他一定有一套看人的办法，从细节就能看出对方是个什么样的人。

何云伟　从细节处看人品。我跟您这么说吧，有一次我们到山西吕梁参加一个企业的年会，早上起来吃早餐的时候，有一位大娘认出我来了。这位大娘穿得很朴素。过来就问我："你是说相声的何云伟吗？"我说："是我啊。""我能跟您照张相吗？"我没问题呀，就跟这位大娘照了张相。照完相，大娘非常开心。一会儿，一位男士就过来了，说：云伟，刚才跟你照相的那个人是我们企业老总的母亲。我就想起我小时候，我母亲教育我的话了，见着老年人要打招呼，要热情，跟谁都这样。不是说你是明星，你就摆谱。倘若我看这老太太衣着朴素，就来一句照什么相，吃完饭再照吧，或者是照什么照，不照了，这样就失礼了。

郝　靖　　所以这个细节，就让对方看到云伟的人品了。我们说见微知著，不仅仅是我们去观察别人，别人也会通过细节观察我们。

何云伟　　是啊。我有一个朋友，家里条件不是很好，他母亲省吃俭用给他买了一双鞋。有一次我看见他穿着这双鞋，他母亲无意当中踩了他一脚，把鞋踩脏了，他就跟他母亲喊："你瞧着点儿，干什么呢，这新买的鞋！"由此，我就看出来这个人不可交，他连自己的母亲都不尊重，何况别人呢，从细节就能看得出来。虽然他没得罪我，但我也对他敬而远之，保持一定距离。

郝　靖　　台杰，你们家里有这样的家训吗？

徐台杰　　我记得我小的时候，吃饭老喜欢抖腿。我爸妈就跟我说，这样非常不好。首先是不雅观。然后有老话说，老这样抖，就会把财气都给抖没了，财富就不能积累起来了。于是我就改掉了这个坏习惯。还有一点就是节俭，之前家里灯比较多，晚上可能一连开了好几盏，就忘记关了。我爸就教育我："万丈高楼平地起"，即使是开关灯这样的小事，平时也要多加注意。

郝　靖　　所以说啊，在日常生活当中细节上做得好的人，都比较招人喜欢。我们的家教往往都体现在细节上，长辈或父母说的一句很简单的话，做的一件很小的事，也许会让孩子终身受益无穷。

见微知著是一种职场智慧

郝　靖　云伟，你们相声演员讲究说学逗唱的基本功，你觉得说学逗唱里面，哪一条是最注重细节的？

何云伟　都要注意，特别是学这方面，要更注重细节，为什么呢？既然是学，就要学得像，要学得真。比如说，我们的相声大师侯宝林先生，今年正好是纪念侯宝林大师一百周年诞辰。他有一个代表的段子叫《卖布头》，开头有一个吆喝叫《卖青菜》。如果不讲究、不注重细节的话，吆喝出来全凭嗓子来取悦观众，来要观众的掌声。那么讲究、注重细节呢，它是不一样的。大家都非常熟悉，"香菜、辣青椒、大葱、嫩芹菜、扁豆、茄子、黄瓜、架冬瓜，卖小白菜嘞，卖萝卜、胡萝卜、扁萝卜、好韭菜哎"。不是有多大声使多大声，不是可口地灌，不是拉长音，不是拉鼻儿，每一个腔，每一个字，都不是直截了当地出来，是需要加工的。我们注重的细节是什么？是韵味。

郝　靖　不是比音大。

何云伟　不是。你只有注重细节了，你的东西才高级，才有品位，才是精品。

郝　靖　于老师怎么看细节？

于赓哲　我觉得"细节决定成败"。这句话对全社会每一个行业，每一个人都非常适用。说实话,人一生遇到的人,百分之九十都是擦肩而过、萍水相逢。那对你这个人怎么看,一般来讲,就是从细节来看。尤其是现在人口快速流动,社交这么频繁,谁有工夫坐下来慢慢了解你这个人,就是从你一举一动的细节来判断你。比方说唐朝有个著名的大臣徐世勣,就是《隋唐演义》里的徐懋功。这个人做事特别讲究,怎么个讲究法呢?他原来是瓦岗军李密的手下,结果瓦岗军失败降唐了。徐世勣作为李密的部将,当时在另外一个地方驻守着,他也要把那个地方献给李唐投降。怎么个献法呢?他派使者把投降用的户籍册和地图册送往长安。但是有个细节,他跟使者说:"你可千万别把它直接献给唐朝的皇帝,你要献给李密,让李密转交给皇帝。"意思是说,这块土地不是我而是我的旧主李密献给您的,我决不与我的旧主争功。就是这个细节使得后来朝野上下,包括唐高祖、当时的秦王李世民,都觉得这个人靠谱。

何云伟　厉害。

郝　靖　所以说注重细节,在我们生活中,特别是职场上相当重要。台杰,你现在还没有进入职场,那么在学习上,你觉得注重细节有哪些好处呢?

徐台杰　我说一下我实习的经历吧。最近一段时间我在给《欢乐颂》第一季的罗马尼亚语配音版做翻译支持以及做临时的配音导演,我以为译制片嘛,演员只要能有感情地把台词录完,应该就差不多了吧。然而我的录音师跟我说，其实并不是这样的，配音就是要非常注重那些气口、气息、哭腔、笑腔。有的时候，我们可能会为了细节，不断地去翻以前做的那些版本，录很多次，花费很多时间。我就觉得，这样对配音演员的要求有点高。但是录音师跟我说，这才是彰显一个演员真正水平的地方。如果没有这些细节，整个影片看起来就像演员突然消失了一样，会使影片质量大幅度下滑，观赏性也会大大降低。

于赓哲 他刚才说到演员的动作、喘息，我就想起一个见微知著的著名的故事——丙吉①问牛。

何云伟 这怎么个意思呢？

于赓哲 说的是汉朝的时候，汉宣帝有个宰相叫丙吉。他坐着车走在长安城的路上，遇到路边发生了一起杀人案，但身为宰相，他不管不问。然后走到前面呢，他就发现一个老农牵着一头牛，那牛在那儿大口喘气。他马上就问这牛怎么回事儿，如何如何。结果有人就说，怎么回事，杀人案这么大的事你不管，一头牛喘气你要来管？丙吉说，杀人案这个事，有京兆尹、长安令来管，这是他们的职权范围。我为啥要管这头牛呢？因为我是宰相，我得管国计民生。现在是冬天，牛不该像夏天那样喘，它一喘说明得病了，有可能要闹牛瘟了。一旦闹牛瘟，咱们的农业生产就完蛋

---

① 丙吉，西汉名臣，本为鲁国狱史，曾救护皇曾孙刘询（即汉宣帝）。后因拥立汉宣帝有功而不居功，被任命为御史大夫、丞相，封博阳侯，为政宽大。

了，因此我得把这事问清楚。所以说，工作上也是一样要见微知著。就是在职权范围内，任何小问题我们都要想一下，这后面有没有大问题。

郝　靖　所以说，见微知著绝对是一种人生的大智慧。它包括了两种能力：一种是出色的洞察力，首先要观察得到问题、细节；第二种是出色的逻辑思维能力，会分析判断。云伟，你这两方面的能力都有吗？

何云伟　都有，都有。还是说到我们的相声。在舞台上看青年演员表演，我确实有点担忧，为相声担忧。为什么这么说呢？一些青年演员，为了追求舞台效果，展现了种种表演手段。这些表演手段，我确实是接受不了的。你比方说，我们在学唱的时候，翻一个高腔，有这么唱的，"站立宫门叫小番——"，也有这么唱的，"叫小——番——"。有的演员不这么唱，人家是"叫小——"，拿出一个小孩儿的玩具来，就跟那小喇叭似的，"哔——"他这么吹一下。我接受不了。

于赓哲　他觉得他在推陈出新吧。

何云伟　他认为推陈出新，实际上是不伦不类。观众认为，你们相声就这样啊？如果你这么演，就是低俗、庸俗、媚俗。所以我们要从自身做起，对自己的业务一定要严格把关，从小中看大。我认为这就是见微知著。

■ **见微知著是需要后天培养、学习的**

郝　靖　刚才其实大家都说了，我们注重细节、有洞察力、有逻辑思维能力，会为我们带来很多很多的益处。下面我们就准备了一道题，考一考云伟，考一考台杰，看看你们俩的逻辑思维能力怎么样。

徐台杰　好。

郝　靖　来，我们先看题目：

小丽买了一双漂亮的鞋子，她的同学都没有见过这双鞋子，于是大家就猜。小红说，你买的鞋不会是红色的；小彩说，你买的鞋子不是黄的就是黑的；小玲说，你买的鞋子一定是黑色的。这三个人的看法至少有一种是正确的，至少有一种是错误的，请问小丽的鞋子到底是什么颜色的？

郝　靖　我觉得你们两个一起说答案，然后看谁对，再说原因，好吗？三，二，一——

何云伟　黑色的。

徐台杰　黄色。

何云伟　不一样。

郝　靖　好，现在我公布正确答案：黄色。先让云伟讲讲，为什么你觉得是黑色呢？

何云伟　因为什么呢？小玲说买的鞋一定是黑色的，我就想小丽一定

	是穿了双黑色的鞋了，所以小玲才那么肯定。我要是买了一双鞋，我恨不得当天就穿上，是这样吧。
郝 靖	所以你这个逻辑思维能力还欠缜密，来听听台杰的原因。
徐台杰	好，其实只要从这三种颜色去思考就可以了。如果小丽的鞋是红色的，那么，三个人都说错了，和题面不符；如果是黄色的，小红、小彩说的对，小玲说的错，和题面相符；如果鞋子是黑色的，也是不符合题面的。
郝 靖	我觉得挺烧脑的呀。
何云伟	太费脑筋。
郝 靖	那么怎么培养这种细节的洞察力和逻辑思维能力呢？于老师能不能给我们支支招，您觉得这个是天生的吗？
于赓哲	我觉得确实有些人天生有这种能力，但后天也是可以训练的。我们中国人擅长形象思维，比较善于归纳、总结，但是在逻辑性方面有所欠缺。所以我们在逻辑上，要多听、多用，基本的逻辑原则、常遇到的逻辑陷阱，比如"稻草人谬误""错误归因"，日常就要牢记。因为我们日常生活中犯的逻辑错误实在太多，很多我们自己都浑然不觉。所以就是自己得多看书，除了看书，我觉得没有多好的办法，比方说简单点、入门级的《简明逻辑学》或者《形式逻辑》。
郝 靖	对，于老师说得特别好，就是要经常锻炼我们自己的逻辑思维能力。我知道曾国藩就要求他的子孙，要在后天不断地学习、不断地观察，提高自己见微知著的能力。
于赓哲	您刚才说到这个曾国藩，我就想起了另一个家训。我们古人

强调见微知著，它更多的用意是什么呢？就是刚才云伟所说的，细节很重要。不要管能不能看见未来，能不能看见事情发展的结果，你做好你自己，这就很重要。比如说陆游①的家训里边，他回忆自己的先祖，曾经在朝为官四十余年，为官清廉，所以陆游就把"清廉"作为立家之根本。陆游回到老家之后，不许老家添任何新家具、新器物。为什么呢？就是从细节入手，告诉家人必须要节俭。比如他给他的夫人准备的棺材，一般讲究的人家要涂三道甚至四道漆，他只涂一道漆。还有给孩子找媳妇儿，他有个基本要求就是不娶名门望族。为什么呢？不让后代产生虚荣心。陆游这样做是因为没钱吗，没资格吗？不是，他是从这些细节上要求后代，让他们懂得"节俭"这两个字。

郝 靖　所以说，家里哪有什么特别大的事啊，但家里的每一件小事，父母的态度、做法，都会影响我们每个人的一生，这也是见微知著。

何云伟　对。

于赓哲　是这样的。

郝 靖　云伟能不能回忆起来家里的一些对你成长有影响的小事呢？

何云伟　影响一生的小事可能还不好说，就是生活当中一些细微的

---

① 陆游一生极其重视家庭教育，写了大约二百首有关子女教育的家训诗。他以诗教子的诗体家训，在中国家训史上占有首屈一指的地位。他在家训中谆谆告诫子孙要继承家族的优良家风，归纳起来主要包括两个方面：一是勤劳节俭、为官清廉的美德，二是高尚的节操。

行为，可能确实会影响你。比方说吃饭的时候，不许敲碟子、敲碗，不许吧唧嘴，不许磕着桌子、磕着脚，睡觉也不能说话，"食不言、寝不语"嘛……确实都是细节。如果你都做好了，外人一看，会觉得你很有礼貌。

还有一个就是谦虚，这也是家里教的。比如在老先生面前，你知道的，你也说不知道，这样能学着东西。举个简单的例子，一个年轻演员，想问老先生一些节目上的东西，老先生就问：《报菜名》那个段子你会吗？年轻演员说：我经常演。老先生又问：《八扇屏》这个段子你怎么样？年轻演员回答：我说得还不错。老先生再说：《黄鹤楼》这个段子呢？年轻演员说：我都录过像。老先生说：那行，你这会得不少了，你不用学了。您明白了吗？

郝　靖　明白了。

何云伟　虽然你学过、演过，但是每一个演员的处理方式是不一样的。同一个段子，老先生有人家高级的地方，你虚下心来学习，对吧？你可以说：《报菜名》，我倒是说过，但是我不精，您看您能不能再给我重新说一遍？这老先生会从头到尾，不保留地告诉你。通过这个，你就能知道了，原来这个段子还能这么演。这不就学到手了吗？不就掌握了吗？如果你说这个我也会，那个我也演过，那老先生就烦了——那行，那你都会你问我干吗呀。

于赓哲　这个就跟家风是密切相关的。像咱们刚才说的节俭、谦虚这些家训，你要真让家训走到心里头，影响的就不只是一代两代人。比如说《颜氏家训》，人们称之为中国家训之祖。你看《颜氏家训》里头有什么？

郝　靖　都是细节呀。

于赓哲　《颜氏家训》跟别的家训还不大一样，书里全是写我看见有一个什么事，什么人做得不太好，你们可别学这样，应该如何如何。

何云伟　都是实例。

于赓哲　全是实例，都是小事。但就是这样，颜家培养出一代又一代的杰出人才。

郝　靖　没错。见微知著是人生智慧。正如家风存在于细微之处，却指引家庭兴衰。家风正，则后代正，则源头正，则国正。

感悟 微的力量

一只亚马孙河流域热带雨林中的蝴蝶，偶尔扇动几下翅膀，可以在两周以后引起美国得克萨斯州的一场龙卷风。这就是大名鼎鼎的"蝴蝶效应"。

丢失了一个钉子，坏了一只蹄铁；坏了一只蹄铁，折了一匹战马；折了一匹战马，伤了一位国王；伤了一位国王，输了一场战斗；输了一场战斗，亡了一个帝国。这首著名的英格兰民谣背后，是理查三世王朝的覆灭。

美剧《别对我撒谎》吸引了无数观众，其最大的魅力就是男主可以通过一些小细节、小动作、微表情捕捉到嫌疑人的心理活动，以确认对方是否说谎，从而还原案件的真相。

龙卷风、王朝的更迭、案件的破获，都是大事，关键却系于一个个微不足道的小细节，这就是"微"的力量。看似很小，却能引发很大的后果。有时候，越是细微的东西，越能体现事物的本质，失之毫厘，谬以千里。

世界上最大的东西，也是由一个个小东西组成的。那些看着很大的成功，背后也许是对一件件小事的坚持和细节追求。

一个习惯性的动作，体现的是修养和品格；

一个灿烂的微笑，展现的是做人做事的真诚与热情；

一个小目标的坚持打卡，背后是一个大目标的实现；

一个积极的态度，触发的是一个意料之外的新起点；

一堆的碎片时间，缝合起来就是理想的实现；

…………

一个微不足道的动作，可能改变人的一生。阿基米德撬动地球的豪言，也来自一根杠杆。这些都是微的力量，它不是微小、微不足道、微薄之力，而是以小博大、水滴石穿、星火燎原、聚沙成塔……是"微"力无边。

我们现在进入了一个"微"的时代，微博、微信、微阅读、微访谈……"微"无处不在，构成了我们碎片化的生活，人也成为无限的信息流中的一环，在众多信息的轰炸中被撕成碎片。有人享受着这样的时代，成为一块碎片随波逐流；有人时刻保持警醒，于碎片中寻找可以贯通的路径。机会属于能在信息洪流中保持敏感、注重细节、积极反应的人，不能见微知著，或者干脆对"微"视而不见的人，最终只能被这种洪流吞噬。

聪明者见微知著，愚钝者往往只见树木不见森林。根本的区别就在于敏锐的观察力和强大的逻辑判断能力，一个不敏于细节、不勤于思考的人是不可能见微知著的。欧阳修说"祸患常积于忽微"，小问题可能带来大祸患，小变化也可能引发很严重的后果，不要轻易忽视身边的小事，尤其是变化。就像于赓哲教授说的，在职责范围内，任何小事都想一想，看是否会引发什么大的后果。哪怕我们不能判断将来会发生什么，看到细节，做好自己，也是一个好的开始。

想做大事的人很多，但能从小处踏实做起的人却很少。很多人有着远大的理想和很好的创意，却有着很弱的执行力，最终只能是好高骛远，眼高手低，浅尝辄止。"微"的背后是细，是专注于当下，深入每一细节中去精耕细作。但注重细节又不是忙于琐碎，见微知著需要大局观，需要整体性视野，否则就会沉溺于枝节和琐细，不是一叶知秋而成了一叶障目。

践行手册

看了这一期节目,你有什么感触呢?欢迎写下

页　　码

原文摘录

应用计划(请联系你最近三个月内的相关经历,写出你打算采取怎样的行动,以及开始的时间、频率、目标、步骤以及监督人)

学而时习

XUEERSHIXI

我们每个人的一生当中，都需要不断地学习，《颜氏家训·勉学篇》的第一句便是：自古的明王圣帝，都要勤奋学习，更何况咱们普通百姓呢。我们的大思想家孔子，在两千多年前，给我们总结出了一套非常实用的学习方法，其中最耳熟能详的便是："学而时习之，不亦乐乎？"

学而时习

学而时习,全句是:"学而时习之,不亦乐乎?"意思就是学习并且按时复习,不是很快乐吗?

(小明上课不认真,在课本上画画。回到家里作业也不会做,扔了课本就跑出门去玩了。)

小明:听不懂!听不懂!不爱学习。

妈妈:不按时复习当然记不住,记不住今天学的内容明天的新内容当然学不会。来,我们一起来复习。

(在妈妈的提示和指导下,小明终于知道该如何学习和复习了。)

访谈

李山　北京师范大学文学院教授、博士生导师，《百家讲坛》主讲人，曾被评为『全国魅力教授』

李国庆　当当网CEO、联合创始人

苏阳　北京外国语大学印度留学生

■ 学而时习是一种方法论

郝　靖　今天我们的家训主题是学而时习。我们都知道，这是孔子提出来的关于为学的名句，而且是《论语》第一篇第一句话。

李　山　对，儒家哲学非常强调"学"。"吾尝终日不食，终夜不寝，以思，无益，不如学也。"①（《论语·卫灵公》）另外"学而时习之"的"时"字也不要忽略。这个"时"不是时时刻刻，朱熹②解释为时常，但是在孔子的时代，"时"是按时的意思。实际上就是说，学习有一个时间的科学性问题。以中国人来说吧，安排课得按照中国人的作息习惯来，上午安排什么课，下午安排什么课，是很讲究的。比如，把数学这种很难的、要动脑筋的课放到下午，可能就违背这个"时"。

郝　靖　是，学习很重要，学习的方法也很重要。我想问问国庆老师，您小时候是好学生吗？是那种学霸，还是让人头疼的问题学生？

---

① 孔子说："我曾经整天不吃饭，彻夜不睡觉，去左思右想，结果没有什么好处，还不如去学习。"

② 朱熹，世称朱文公，宋朝著名的理学家、思想家，中国教育史上继孔子后的又一重要人物。

李国庆　我是学霸。初二、初三的时候，开学前发的数学、物理课本，我两周就把这一学期的教材自学完，后边练习题做完，交给老师。

郝　靖　然后呢？

李国庆　然后数学老师说，李国庆可以不听我的课。

郝　靖　那这属于天才！那您除了功课特棒，平时还学什么？

李国庆　我喜欢读课外书。

郝　靖　这个跟父母的指导有关系吗？

李国庆　我们家崇尚"学而优则仕"[1]。我父母说学习是你安身立命的本事，别人都夺不走。

郝　靖　这是从小父母教导的，也算是家训了。

李国庆　对。但是家里支持有限，因为家里生活条件一般——我们家有六个孩子，当时是70年代，生活还很拮据，过日子得省吃俭用，所以我想买书也没钱买，虽然那时候一本书才——

李　山　几毛钱。

李国庆　两毛钱、八毛钱都有。大概是在四年级的时候，我发现北京前门新华书店有个租书服务部。租一本书，有的书一天一分，有的书一天两分。我们家虽然拮据，但是每周给我两根冰棍钱。那时候一根普通的冰棍三分钱，奶油的五分钱，所以我一周有六分钱可以拿来租书，从此我就养成了两天一定要看完一本书的习惯。

----

[1] 子夏曰："仕而优则学，学而优则仕。"（《论语·子张》）意思是：工作之后还有余力的，就应该去学习、进修，不断提高自己；学习之后还有余力的，就应该参与工作、实践。

郝　靖　有的孩子是拿着买书的钱去买冰棍,你是拿着买冰棍的钱去租书,这是发自内心地爱看书。

李国庆　我姐她们跳皮筋,让我盯着我爸,我爸回来了就赶紧通风报信,她们好回家假装做作业。我在那儿一看书,经常就忘了,好几次被我爸看见我姐她们跳皮筋,回去就批评她们了。

郝　靖　这都是因为书还得还,也应了那句话"书非借不能读也"。说到学习,孔子教育我们要"学而时习",就是说我们学习光看书不行,要记忆知识,还得按照一定的时间规律复习,并且把学到的东西付诸实践、操练。那怎样加强我们的记忆力呢?李山老师在《百家讲坛》或者其他地方做讲座,在学校要给学生上课,都要记忆大量的内容。而且您是教先秦文学的,先秦典籍,比如《诗经》,都很难背,您是怎么背下来的?

李　山　人的记忆力是随着年龄的增长逐渐减退的,到我这个岁数再去背东西,似乎是不切实际了。可是在小的时候,背一两遍,可能就能记一辈子。我跟李国庆老师,应该都是六〇后。我们上中学的时候,有一个节目叫《阅读与欣赏》,当年播音员夏青播读的苏轼的《前赤壁赋》,我听了两遍,到今天还能背,"壬戌之秋,七月既望,苏子与客泛舟游于赤壁之下。"因为他这个播音太妙了,就入心了。也是因为那会儿年龄小,记忆力好,现在不行了。所以,学习要讲究方法,要掌握恰当的时间。

郝　靖　所以趁年轻,多背书。而且看过一遍的书,最好隔一段时间再看一看。

李　山　特别是专业书，就得这样做。

郝　靖　国庆老师在学习方面有什么样的心得呢？

李国庆　我有点小心得——按主题读书。我读的是北大社会学系，我上大一的时候，想知道弗洛伊德学说是怎么回事，我就到北大图书馆把已经出版的弗洛伊德的书，包括30年代出版过的，一共十八本书，都借了，然后我用三个月把这十八本书读完了，还做了读书卡片。

郝　靖　首先自己有兴趣，然后按主题读书。那么苏阳有什么好的学习方法给我们介绍一下呢？比如你怎么学中文的？

苏　阳　我觉得中文是世界上最难的语言之一。我们印度语和英语都没有那么多的字，英语就二十六个字母。但是汉字，就是中国人也不知道有多少个。而且汉字像图片一样，所以前一天学的，第二天要复习才能记住。

郝　靖　反复加深印象很重要。

苏　阳　是。

郝　靖　我们再问问李山老师，古代的莘莘学子，有什么好的学习方法没有？

李　山　刚才国庆老师讲的做卡片，实际上古人也有这种东西。

郝　靖　古人也做卡片？

李　山　也做。后来我们中国人编卡片，编出一种东西——类书[①]，

[①] 类书，我国古代一种大型的资料性图书，辑录各种书中材料，按门类、字韵等编排以备查检，例如《古今图书集成》《太平御览》等。

就是把所有的作品按类抄集起来。比如李商隐，他写诗用了大量的典故，是怎么办到的呢？就是按类把文献抄集起来。如果他要写鱼，那他就去翻这些卡片，看前人关于鱼的描写，觉得前人有些比喻比较好那就用，觉得不好也可以超越他。

郝　靖　不仅要记录下来，还要分门别类地摘录下来，最终学以致用。

李　山　孔子就曾教导他儿子说：你学《诗》了吗？没有。"不学《诗》，无以言。"无以言什么意思？就是说《诗经》这部书，在古代是贵族社交的必备工具。比方说郝靖是秦国的贵族，国庆老师是燕国的贵族，见了面以后，国庆老师要请郝靖帮忙，他不会直接说，而是念一句《诗经》里的话，郝靖回复他，也得念一句《诗经》里的话，否则两个人就没法交流，所以说"不学《诗》，无以言"。另外，"不学礼，无以立"。立于礼仪，就是说人在社会中，你跟谁打交道，怎么个尺度，怎么个姿态，以及说话的方式——长辈跟晚辈、平辈，实际上都有礼法的。所以无论是《诗》还是礼，学习的目的都是学以致用。

郝　靖　就是说要把学习的知识运用到实践当中，这也是"学而时习之"的另一层含义。

李　山　对。而且学以致用也分两种。一种是给国家、给社会创造外在的东西，比如创造一套工业；还有一种，是用知识指导我们个人行为。咱们还以《论语》为例吧。实际上我们中国的家训，影响最大的就是《论语》，它可以说是我们这个民族的家训。宋代有一个学者叫程颐[1]，他说读《论语》有两种情况，一种是只会背，还有一种是用《论语》来指导自己，这就是"反求诸己"。很多著名人物的家训，都强调"学以致用"的目的是"反求诸己"。比如，跟着东汉光武帝一起打天下的马援[2]。他就教育孩子说，龙伯高为人谨慎、诚恳、廉洁、低调，我愿意你们学他；杜季良这个人行侠仗义，非常有风采，但我不愿意让你们学他。为什么呢？你们要学龙伯高，即使学得不好也是个君子；要学行侠仗义，学不好，就会堕落成世上的轻薄子弟，画虎不成反类狗。（《诫兄子严、敦书》）实际上古代家训里有很多关于做人、修身的内容，都是比较精彩的，在我们现代也能用得上的。

郝　靖　对。那国庆老师是怎么学以致用的？

李国庆　作为企业的经营者，你要做的很多事情，都有人给你总结提炼过，还有案例。我们就要画出重点，然后来对照我们企业的情况来实践，实践完以后再去读，看哪些是主观的、武断的，哪些是不合我们企业实际的，等等。这就是学以致用。

----

[1] 程颐，自幼聪颖，幼承家学熏陶，十八岁时就以布衣身份上书宋仁宗。"程朱理学"的"程"指的就是程颢、程颐兄弟。程颐既是北宋理学家，也是教育家，他主张读书要思考，其教育主张和思想对后世影响很深。

[2] 马援，字文渊。汉族，扶风茂陵（今陕西兴平东北）人。西汉末至东汉初年著名军事家，东汉开国功臣之一。

■ 学而时习是不断地加强学习

郝　靖　随着时代的发展，对"学而时习"也有了新的理解，就是"学而时习是不断地加强学习"。在经过一段专门学习的阶段后，你还要不断地学，活到老，学到老。比如，我上大学是学中文的，毕业后到电视台工作，做主持人了，我肯定要学很多播音方面的知识。还有我做不同的访谈节目，那我就每个门类都得学习一下。总之，人就是要在生活工作中不断地去学习。对这个话，你们怎么理解呀？

李　山　这就是"苟日新，又日新，日日新"[①]。"日新其德"（《易经·大畜》）。朱熹也说："问渠哪得清如许？为有源头活水来。"（《活水亭观书有感》）一个池塘，如果没有活水，马上就变味。一个人呢？在社会中，你可以发现，一个好读书的人永远是活活泼泼的，是有生趣的。如果一个人学历很高，专业很熟，但是不愿广泛地读书，我觉得这种人趣味性可能就低一点。

郝　靖　您的意思就是，不仅要学自己专业的知识，还要广泛涉猎？

李　山　学习当然要学好自己专业的东西。但实际上，我们天天需要

---

① 出自《大学》，意思是洗澡除去身体上的污垢，使身体焕然一新。引申义为精神上弃旧图新。

了解世界，需要与人沟通。所以学习应该是什么呢？是一种生活方式——你一天不看点书，就觉得今天好像过得没意思。

郝　靖　是。那在古代家训当中，有没有关于要不断学习这方面的内容呢？

李　山　《颜氏家训》里就有。《颜氏家训》和别的家训比，有一个特点，就是不断在谈知识，谈学习。魏晋南北朝时期，是一个贵族化的时代。后人说："旧时王谢堂前燕，飞入寻常百姓家。"①（〔唐〕刘禹锡《乌衣巷》）这里的王家、谢家都是魏晋南北朝的名门望族。比如谢家人，经常有家长组织小孩儿们在一起谈学问，谈诗文。

郝　靖　这就是一种家风。

李　山　所以谢家辈辈出诗人，像谢灵运、谢朓……太多了。

郝　靖　对，就像李老师刚才说的，读书成了家庭日常的一种生活方式，就跟吃饭、睡觉一样。在这种家庭风气下出来的孩子，又怎么会不出色呢？我想问问国庆老师，我们都知道您小时候是学霸，又爱读书，那事业成功之后，您还不断学习吗？

李国庆　中国有句古话叫"活到老，学到老"。有的书，我每年都要重新读一遍，比如迈克尔·波特的《竞争战略》，还要组织团队读。每年读都有新的感受，不一样的东西。因为过

---

① "王谢"指王导、谢安，都是东晋的开国元勋，属世家大族。贤才众多都住在乌衣巷中，冠盖簪缨为六朝巨室。到唐代时，皆衰落不知其处。

了一年，可能就发现其实去年理解得不对，然后今年又有新的理解。

郝　靖　所以一本书你读过了，可能还要再读，是吗？

李国庆　对呀，不断重温，工具书、经典书。

李　山　我补充一下。"学"这个字，有两个意思。一个意思是效仿、模仿，就像我们学毛笔字要临帖；但是"学"的高级阶段是"觉"。像刚才国庆老师说的他读旧书的事，这个已经不再是模仿了，知识已经进入他的能力范畴，他实际上已经在创造觉悟了。就像学毛笔字，临帖的最高目标是形成自己的"体"，这个过程是无限的。

李国庆　对，我是自己尝到了甜头，就在公司也推行学习型组织。每周每月都给大家推荐书，或者大家彼此推荐，我们有读书会。因为我真的深刻体会到，现代社会新事物太多，都有相关的书，如果你不能从书本中不断获得知识，升级技能，你根本跟不上，甚至都不能胜任自己原来的岗位。所以我们有一个快速学习的方法，就是不断地去找相关领域最近、最好的书。比如我们发现美国有一本关于电子邮件营销的书，很不错，我们就马上把它翻译成中文，组织内部开始学习。

郝　靖　可是我也发现，现在越来越多的人没有阅读纸质书的习惯了。大家更习惯看手机。所以，就有人说，读纸质书是系统化的，比用手机碎片化阅读好。

李国庆　我有点不同的看法。三年前我第一个站出来，要为手机阅读正名。三年前大家说电子阅读、手机阅读是碎片化阅读，其实不是。我以我儿子为例，他现在上大一了。他在六年级的时候，就很少读纸质书，都是在电脑上看资料。有一天晚上，他给我们讲新能源的种类，讲得非常清楚。他怎么获得这些知识的呢？他就是在电脑上搜索到的。我想，这不就是主题式学习吗？

李　山　对。

李国庆　这实际上是一种研究式学习。我自己是坚持一年要读五十二本书的，有时候休假一周，我就带着一个主题的五六本书，有纸质的，有电子的。这样读书不是从头读到尾，而是根据我的主题，书里跟主题有关的我就读，无关的我先跳过去。所以屏幕阅读，不能说是肤浅化，人们主题式地获取知识，也不能说是碎片化。

郝　靖　李山老师怎么看？

李　山　刚才国庆老师说的，我也同意。包括我们做科研，需要什么材料也会上网。但是网络也有局限，真到了一定的专业程度，网上是没有的。而且网上的知识可能不准确，有些知识是从某些书上复制粘贴的，复制就有可能有问题。所以我不会直接用，一定要校对一下，才拿来用。主题式学习很好，但有些书不适合用这种方法，比如小说，就不可能只把某部分找出来读。不同的书有不同的方法。

郝　靖　但是不管怎么读，养成好的阅读习惯特别重要。就像刚才李山老师说的，得让读书、学习成为我们的生活方式。但是现在有的人买书，是买了之后就束之高阁，或者是翻两页就看不下去了，觉得还是看点娱乐新闻比较容易。苏阳，你是这样吗？

苏　阳　不是，我不是这样。对有的人来说，读书是不快乐的。但是对我来说，读书让我有种精神上的满足感，而且读书学习，没有终点。在印度有两种观点：一种是不要学那么多，学一半就找个工作赚钱；还有一种是一直学习，可以当一个知识分子。我硕士毕业后就找到了一份好工作，工作了几年后，突然得到来北京学习的机会。我本以为我爸爸会不让我来北京，但他很开心地说，可以，你觉得学习很快乐就去学习吧，你快乐我就快乐。我觉得，如果我做父亲的话，我也会支持我的孩子一直学习。

郝　靖　就是你的家庭非常支持你。家庭的氛围对培养良好的阅读习惯也是很重要的。说到阅读，那到底都应该读什么书呢？

我之前看龙应台的一本书，她就建议大家读文、史、哲。她说文学可以让你看见，史学让你知道，哲学让你认识。不管你从事什么职业，你都需要读文、史、哲来提升自身修养。关于读什么书的问题，大家怎么看呢？

李国庆　对，读书确实有两方面。一种是职场上人士、学生要获得知识、技能，就需要读相关的书，目的是马上解惑。还有一种，就是读文学、历史书，可能跟你工作无关，但是它能够安顿你的心灵。我自己读小说习惯每天晚上追更[①]，每次读半小时，有时候搂不住了，读一小时，第二天接着读。我在微博上写过一句话："如果不读书，你就每天拖着疲惫的身心在别人的领空来来往往。"

郝　靖　让你的心属于自己。那李山老师有什么推荐的书吗？

李　山　关于读书，有位老先生曾经对我们说，做一个中国读书人，起码要读三本古籍。其一，要读点《论语》，这是圣人教导人如何做君子，我们总不能做小人吧；其二，读点《孟子》，因为人活在这个世界上总得有点气节吧；其三，读点《左传》，现在可能很多人不知道这部书，其实我们的年轻人，甚至小朋友都可以要跟这本书学写文章。总之，我是觉得不妨读点古代经典的诗词文章，一方面熟悉我们自己的语言，另一方面学习如何做一个好人，做一个君子和一个有气节的人。

[①] 就是追着更新的意思。现在很多作者都是在各大网站上发表小说作品，不是一次性发完，而是每天发一章节或几章节，这就是更新，而读者每天都在网站上阅读新章节就叫追更。

郝　靖　说到孩子的阅读，那国庆老师您给儿子都读什么书呢？

李国庆　我儿子上小学的时候，我们还给他制订了课外书的阅读计划。但是我发现，我们给他推荐的儿童文学他兴趣不高，动漫也不怎么感兴趣，他喜欢看科普，那怎么给他补充文学的营养呢？我们就给他读科幻书，他就有兴趣了。

李　山　这是好家长！好家长是什么？放长线钓大鱼，跟着小孩儿屁股抻着他看，人的兴趣所在便是天分所在。

李国庆　孩子看完，我们也要看，然后第二天跟他讨论。讨论的时候我很惊讶，他能把头天看的科幻小说给我复述半小时。我回去再翻这个书，段落都没漏。小孩儿都有这个潜能，不是我家孩子特殊。

郝　靖　但他一定要有兴趣。

李　山　所以家长一定不要低估自己的孩子，但选书要尊重孩子的兴趣。

李国庆　对。我再讲个我自己的经历。我儿子上六年级的时候，因为我们两口子经常探讨企业，他就想加入我们的谈话，怎么办呢？他就读了《企业管理表格手册》，看完以后第二天跟我讨论说，爸爸你说毛利率是销售价格减去成本价格，不考虑人工费用，怎么这个书上说的毛利率要扣除人工费用。我说那个书是英国的，英国规定要扣，而且这也看行业，比如电影公司，算毛利率当然要扣导演和演员的费用了。这就是他按自己的兴趣去看书。我真的很吃惊。

郝　靖　国庆老师可以安心地早早退休了，后继有人。

李国庆　但是我发现，完全让孩子按兴趣读，有些必看的书会漏掉。我儿子在美国读了四年高中，我们才知道，美国孩子的阅读量比中国孩子大得多。他们儿童阶段一天可能就翻完一本书，当然是图画书。到了高中阶段，要读《圣经》《荷马史诗》等等。

李　山　美国学生没有语文课本，但是有老师指导学生去读原典，从中学生就开始了。

李国庆　而且各科都有推荐书目，那个阅读量大的呀！我儿子高中毕业，我们去参加毕业典礼，都挺开心的。典礼结束后，我儿子抱着他妈妈"哇哇哇"地哭，说妈妈这四年非常难。现在他上大一了，阅读量、学业量更大了。

郝　靖　所以广泛阅读是非常重要的。

李国庆　其实，孩子按主题或兴趣读书都没问题，但光有知识，没有系统的思考也是不行的。

学习会带给人快乐和满足感

郝　靖　太棒了。这真的给我们提供了特别好的学习、阅读的建议。我们都说"读万卷书，行万里路"，读书总会给我们带来意想不到的收获。"学而时习之"的后半句是"不亦乐乎"，那学习会给我们带来怎样的乐呢？请李山老师先给我们讲解一下。

李　山　所谓快乐学习不是去做游戏，而是让每一个人在学习中变成主体。《世说新语》①里有个故事，说有一天谢安把他那些子侄聚到一起，谈论诗，谈论文艺。一会儿下雪了，谢安就问："白雪纷纷何所似？"结果有一个侄子站起来说："撒盐空中差可拟。"意思是，这个漫天大雪呀像往天上撒盐。这个时候，谢安的侄女谢道韫说："未若柳絮因风起。"她把下雪比喻成柳絮被风吹起来了。这就是一种很活泼的诗文教育，此情此景下的教育。

再举个例子。有一次，学生们侍坐，孔子就说：你们谈谈自己的志向。问到曾皙的时候呢，《论语》里有一句描写课堂氛围的话，"鼓瑟希，铿尔"。也就是说，孔子的课堂是有音乐伴奏的，这也属于快乐学习。

郝　靖　国庆老师读过那么多书，您觉得您得到了怎样的快乐，或者是成果？

李国庆　我不是因为读书多，取得了商业的成功，所以很快乐，而是读书学习直接给我带来愉悦，这种快乐是其他东西都替代不了的。

李　山　实际上，快乐学习是在学习中发现自己的天分，找到了那种对象化的力量。

郝　靖　就像刚才国庆老师说的，如果总游荡在别人的领空，哪能快

---

① 《世说新语》，又名《世说》，由南朝宋刘义庆组织一批文人编写而成，主要记载了东汉后期到晋宋之间一些名士的言行与逸事，是中国魏晋南北朝时期"笔记小说"的代表作，也是我国最早的一部文言志人小说集。

乐呀？

李国庆　每天拖着疲惫的身心刷朋友圈，看看有谁到哪儿吃饭了，谁去哪儿旅游了，有什么用啊？

郝　靖　是，所以要好好读书，找到自己。苏阳怎么看呢？学习有没有带给你很多的快乐？

苏　阳　肯定是。我喜欢学习，那肯定是因为我在学习里面能找到快乐，找到满足。因为我学习不是为了别人，是为了自己，为了增强我的知识力量。

郝　靖　对。有人会觉得学习很苦，读书很苦，你会觉得吗，你刚才不是抱怨中文太难学了吗？

苏　阳　那是我刚开始学汉语，如果我每天不复习、不阅读，那我肯定是学不会说汉语的。我有很多朋友也学过汉语，但是因为不复习，最后他们还是不会说汉语。

郝　靖　但是你现在会汉语，就可以跟这么多中国的朋友这样交流。

苏　阳　是。我觉得我在印度五年多，我努力学汉语，每天复习，第一个收益就是在北京读书的机会。

郝　靖　对，机会更多了。今天我们一直在谈论"学而时习"这个话题。我们说学习很重要，但其实这个学不仅仅是在书本上，可能我们跟其他人聊天、谈话，或者一起做一件事，都可以学到很多东西，是不是这样的呢？

李　山　《论语》中有一句话叫"默而识之"。知识到处都是。书本上有，大街上也有。比如说练书法，你不必整天只盯着那个帖看，大街上有几个字写得特别漂亮，你就可以在心里边摹一遍，也是有益的。

李国庆　处处留心皆学问。书本是被人精打细磨提炼出来的，所以我们可以找这个领域的专家，向高手请教，这也是学习。我读书还有个习惯，读完一个专题，一定会去拜会这个领域的专家。再比如，我今天有幸认识李山教授，我的国学基础薄弱，我就想李山教授给我推荐一些书，等我读完这些书的时候，还希望有机会专门讨教。

李　山　不敢不敢。

李国庆　听君一席话，胜读十年书。

郝　靖　太棒了！今天跟几位一起聊，也让我受益匪浅。的确，学习是要坚持一辈子的。学以致用，学无止境。当我们找到了正确的学习方法，乐趣也就随之而来，"学而时习之，不亦乐乎"！

扫码观看本期节目视频

感悟　解锁技能，道阻且长

这一期，主要想说给跟我一样的职场人士和家长。如果说学习，可能会觉得有点说教，因为会觉得学习好累，但是如果说又解锁了一项新技能，是不是立刻会觉得兴奋又快乐？学习不就是解锁一项项新技能吗？而且随着时代的发展，生活、工作的变化，需要解锁的技能也越来越多，稍不留神，就会成为时代的弃儿。

是不是有点儿危言耸听？但是，学习却真真切切地不再只是学生的事情了！连退休的大爷、大妈都要不断学习广场舞的新动作，更何况还在职场里打拼、面临各种挑战的我们？除了不断学习、扩大视野、获取知识、解锁技能，别无他途。

在很多时候，技能就是竞争力，有学习能力而且不断学习的人才有竞争力。蔡康永有一句话："十五岁觉得游泳难，放弃游泳，到十八岁遇到一个你喜欢的人约你去游泳，你只好说'我不会耶'。十八岁觉得英文难，放弃英文，二十八岁出现一个很棒但要会英文的工作，你只好说'我不会耶'。"学习是一生的事，特别是在科技飞速发展、竞争愈演愈烈的今天，你必须具有完备的专业知识，同时拥有快速驾驭新生事物的能力，才能在机会来临时牢牢抓住。没有机会会等着你去学习，能做的只有以极大的热情不断学习，去解锁更多的技能，否则只能是"书到用时方恨少"，错过的还会更多。

技能完备的人拥有更加充盈丰富的生活。周末的时候，邀请一个朋友来家里喝咖啡，我自诩爱咖啡之人，可看到朋友冲咖啡的专注和专业，还是不由得惊叹且心生羡慕。因为工作的关系，认识了很多很厉害的人，他们精通各种各样的事情。我经常会羡慕他们有开挂的人生，却很少去思考为什么。可是，当他们所精通的正是我喜欢的事情，而我对此所知甚少时，还是会惭愧自己学的太少。当然，时间是一个原因，可更主要的原因，难道不是安于现状吗？于是错过了很多技能的学习，当然也很难真正体会到其中的乐趣。都说乐在其中，乐趣在最深处，你打开了那个世界并且走进去，才能看见真正的属于它的风景。可惜的是，人生前期越嫌麻烦，越懒得学，后来就越可能错过让你动心的事，错过新风景。

不断解锁技能的人会成为孩子的榜样。很多家长学习的动力可能是孩子的教育和成长，虽然被动，却也是一件好事。父母是孩子最愿意效仿的对象，良好的家风不是用语言制定的，而是用行为营造的。试问一个每天玩手机、追剧的妈妈，怎么能指望自己的孩子爱读书呢？

当然，更多的时候，朋友圈还是以励志爱学习的人为主，总能看到各种各样的打卡项目，但是如果只追求数量目标和打卡任务的过程，忽略了走心的程度，只是先摆个阵仗出来，那就是本末倒置了。这让我不由得想起"学而时习"中"习"的本义：鸟数飞也。鸟要不停地扇动翅膀，才能飞得起来。学习正是这样，是一个笨功夫，没什么捷径，也做不得自欺欺人，能做的，只有开始行动。

希望你我，都能行动起来。

践行手册

看了这一期节目，你有什么感触呢？欢迎写下

页　　码

原文摘录

应用计划（请联系你最近三个月内的相关经历，写出你打算采取怎样的行动，以及开始的时间、频率、目标、步骤以及监督人）

睦邻友好

MULIN YOUHAO

俗话说:"远亲不如近邻,近邻不如对门。"谁能没有邻居呢?如果有个好邻居当然好,但如果邻居素质不那么高,又该怎么办呢?古代家训教导我们说:"和待乡曲,宁我容人,毋使人容我。"(《郑氏规范》)

睦邻友好

睦邻友好，指与邻国或邻家和睦相处，友好互助。

（清康熙年间，有个姓张的人家与邻居吴家因一条共用的通道发生纠纷。双方将官司打到县衙，互相争执。）

县官：都是官位显赫的名门望族，该如何是好？待本官调查之后，再做决断吧。

（张老爷写了一封信，寄给在朝廷任文华殿大学士兼礼部尚书的张英，让张英出面为这条通道的属权做一个了断。张英看过书信，哈哈一乐，随手作草诗一首："千里来书只为墙，让他三尺又何妨。万里长城今犹在，不见当年秦始皇。"）

（张老爷看完回信，明白了张英诗中的意味，主动让出了三尺空地。吴老爷深受感动，也主动让出了三尺空地。两家人握手言和，和好如初。）

访谈

雅 雅
北京外国语大学巴基斯坦留学生

冯 雷
知名演员，代表作《人民的名义》

毛佩琦
中国人民大学历史系教授、博士生导师

■ 邻里关系是生活中重要的交往关系之一

毛佩琦 六尺巷的故事流传很广,而且很多地方都有类似的故事。因为古代邻里之间争议最多的就是房基地,一方多占了,另一方就少占了。

郝　靖 如果大家都不让,恐怕邻里之间就没这么和睦了。

毛佩琦 对,也有很多邻里打破头,成为世仇,辈辈都解不开这种矛盾。但是,"远亲不如近邻",我们需要帮助、关照的时候,首先都会想到我们的邻居。

郝　靖 冯雷,你现在人气特别地高,演技好是一个原因,还有一个原因是情商特别高,圈内人都这么评价。你有没有把你的高情商用在和邻居的相处之中呢?

冯　雷 说实话,"情商高"都是大家开玩笑的。邻里相处,关键还是像毛老师说的那样,要礼让。当然,也有那种你越让,对方越得寸进尺的人,但是遇上这种邻居也没办法,你跟他针锋相对,这日子就没法过了。为什么说远亲不如近邻?远亲可能半年、一年才见一次面,近邻低头不见抬头见的,几乎天天见面。

毛佩琦 对。

郝　靖 我知道冯雷是老北京人,应该有很多儿时和邻里之间特别温馨的记忆吧?

冯　雷　我算是老北京人，在北京长大的。

郝　靖　你住的是四合院[1]吗？

冯　雷　不是，我是大院里长大的。北京有两种邻里文化。一个是四合院文化，也就是胡同文化；还有一个是大院文化。我小的时候，住的是那种长条的筒子楼，关了门就是自己的空间，但是你只要出了自己的家门，这一个通道、厕所、厨房、水房，就是所有人共有的。

毛佩琦　而且父母都是同事，他们是一种特殊的邻里关系。

冯　雷　对。

郝　靖　工作也在一起，生活也在一起，所以邻里间的关系应该更加地亲密无间吧？

冯　雷　毛老师说的挺关键的，就是部队大院住筒子楼的全部都是同事——四合院里住的人吧，干什么的都有，不一定是一个单位的——一个单位的同事之间的相处和纯粹的邻里之间的相处，可能又有些微妙的不同。

毛佩琦　是。真正的四合院是独门独户，现在很多人理解的四合院实际上是大杂院——一个大院子里住很多户人家，邻里关系是这边一户正炒菜呢，没有葱了，上那户拿一棵葱来。今天煤不够了，又去那户拿两块煤过来。

郝　靖　这样的话，邻居是干吗的，家里有几口人，彼此都一清二楚。

毛佩琦　对，都非常清楚。

---

[1] 一种四四方方的院落。一家一户，住在一个封闭式的院子里。四合院建筑，是我国古老、传统的文化象征，其建筑之雅、结构之巧、数量之众，当推北京为最。

郝　靖　冯雷，你小时候，家里有没有关于邻居之间怎么相处这样的家训？

冯　雷　就是与人为善，客客气气。刚上幼儿园、小学的时候，父母一出差就没人管我了，那就靠邻居叔叔、阿姨、大爷们管，中午到这家吃饭，晚上到那家吃饭。

郝　靖　所以那会儿体会到邻里之间是一种什么样的感觉呢？

冯　雷　就是很亲密。

郝　靖　那你还记得小时候串门吗？这个词咱现在好像很少用了。

冯　雷　你要说串门，我主要就是去讨吃的，闻着哪家香就去哪家，反正我脸皮也厚。

郝　靖　毛老师还记得以前串门吗？

毛佩琦　说到串门，其实传统文化是不鼓励串门的，认为一个人没事到东家串门、西家串门，实际上是不受欢迎的，也会告诫小孩儿不要随便去串门，但是邻里之间关系都是非常好的。无论是官方，还是民间，都提倡睦邻友好。我们现在看到很多古代的家谱，里边都有家训，都要求子孙后代要善待邻里，邻里有困难一定要帮助，有喜事、丧事也要去帮忙。其实邻里关系处理好了，就为整个社会打下了和谐的基础。

郝　靖　但是现在好像邻里之间越来越陌生了，把门一关，可能对门住的是谁都不知道，更别说楼上楼下了，大家有这样的感受吧？

毛佩琦　有这种感受。这个是什么原因呢？因为中国传统社会是农业社会，乐土重迁，人们基本上不离开老家。世世代代，姓张的、姓王的，都住在这儿，所以他们的邻里关系非常密切。现在社会人口流动性很大，指不定今天搬来了，明天又搬走了，还没等熟悉呢又变了。

冯　雷　对。

毛佩琦　再一个呢，是因为工作环境不一样了。以前同一个地方住的人，一般都在附近工作；现在各去各的地方工作，上班路上可能就得一个小时，邻里之间根本没有时间见面、交往，所以人和人之间的关系就疏远了。

郝　靖　也会出于自我保护的考虑，因为不知道对方是干吗的。

冯　雷　不知根知底。

毛佩琦　还可能是因为不便打扰别人。人家有自己的生活，我去会打扰，所以不到万不得已的时候，是不跟人家打交道的。

郝　靖　所以现在邻里之间，似乎走得越来越远了。我想问问雅雅，你们巴基斯坦邻里之间都是怎么交往啊？

雅　雅　邻居之间有很好的交往。我们是伊斯兰国家，古尔邦节的时候，我们要分肉给我们的邻居，我们做什么好吃的菜也会

郝 靖	给邻居吃。我们很喜欢帮助邻居。
郝 靖	就是在过节的时候会一起过，感觉特热闹。这有点像咱们以前。
毛佩琦	对，经常会出现邻里之间分享东西的情况。比如，我们家包了饺子，也要给邻居端一盘吃；我今天买好东西了，分给你点。其实"和睦乡里"是一个古训。大家知道《礼记·礼运篇》有一句经典名言："大道之行也，天下为公。"紧接着有一句是"讲信修睦"，讲信用来促进和睦。这个"睦"是指人与人之间要友好相处，特别是邻里之间。这个文化习俗传承了几千年，历代官方也都比较重视。比如，明太祖朱元璋在整顿社会的时候，为了改善地方民俗民风，写了六句话。第一句是"孝顺父母"，第二句是"尊敬长上"，第三句就是"和睦乡里"。当时有一个"教民榜文"①，将这六句话写在大牌子上、刻在石碑上，或者印在书上广泛传播。北京高碑店有一个科举博物馆，那里就收了三块记载着这六句话的匾和碑。

和睦乡里是非常重要的。明朝的社会建设对基层老百姓之间关系都有具体的规定。比如：贫穷和富裕之间，灾荒的时候，富人要帮助穷人；看到邻居有困难就要帮助。所以我们刚才讲的"大道之行，天下为公"就是"大同"，后面

---

① 榜文是皇帝的谕旨，或者经过皇帝批准的官府的告示、法令以及案例。朱元璋时期发布的榜文，包含了很多教育百姓遵纪守法的说教内容，所以又称"教民榜文"。"教民榜文"共有六句话：孝顺父母，尊敬长上，和睦乡里，教训子孙，各安生理，毋作非为。

讲"老吾老,以及人之老",要老有所养,幼有所长,壮有所用。那么这些通过谁来实现呢?要依靠政府的合理安排,更重要的是通过邻里之间的帮助。

■ 好邻居是彼此关照

郝　靖　所以从古代开始,中国人就非常重视邻里关系。而且和谐的邻里关系能够有效促进社会稳定。那我们也知道,选择好邻居很重要,我们常常说要"择邻而居",你们认为,好邻居是不是很重要?

毛佩琦　当然,邻居可以带来一种气氛。比如,你是艺术家,每天在家里弹琴唱歌,周围人可能会觉得居住环境很舒心。你喜欢打麻将,昼夜"哗啦哗啦"响,就会让周围的人很烦躁。所以才有"孟母三迁"[1],因为"近朱者赤,近墨者黑",选择一个好的邻居,对我们日常生活、对每个人的成长都非常重要。

郝　靖　千金难买好邻居呀。冯雷有没有感触?

冯　雷　有啊。我以前住在亚运村那边,一梯两户,对面的邻居是老两口,都退休在家。我常年出差,出差的时候就把钥匙给

---

[1] 孟子的母亲为了使孟子拥有一个真正好的成长环境,煞费苦心,曾两迁三地。现在有时用来指父母用心良苦,竭尽全力培养孩子。

		老两口，家里养的鱼、花草儿什么的，就拜托给他们了。我父母虽然也都在北京，但住得很远，年龄也大了，我不愿意让他们跑。
郝　靖	所以觉得好邻居很重要。
冯　雷	特别重要！我是一个马大哈，有一次出门水龙头没关好，水就漫出来了。人家老两口遛弯儿回来，第一时间发现了，赶紧给物业打电话，还进去帮我把水给简单处理了一下。要是他们不管，等着物业发现，这事就大了——楼下泡了不说，我家里一屋子东西可能全都废了。所以还挺感谢邻居的。
郝　靖	那你父母以前跟邻居是怎么交往的？是不是对你有影响呢？
冯　雷	就是客客气气的。因为每个人脾气秉性不一样，总体来说人都是善良的。"人之初，性本善"嘛。但是保不齐，哪天心里不高兴，有些负面情绪，你要不注意呢，就传递给别人了。如果你传递给邻居，结果邻居也是负面情绪反弹给你，那这日子就没法过了。
郝　靖	对。
冯　雷	所以有时候退一步会好一点。知道对方可能不高兴，那算了，我忍一下。可能第二天他就主动道歉了，这事也就过去了。如果当时就针锋相对，那以后的日子真的挺难过的。每天一开门，看见邻居家的房门就烦。
郝　靖	是，所以适当地该让就得让。
冯　雷	对，退一步海阔天空。
郝　靖	你父母就是这么做的吗？
冯　雷	我印象当中，他们基本上是这么做的。

郝　靖　那父母现在跟老邻居们还有来往吗？

冯　雷　老邻居们就是常年在一起工作的老同事，他们都退休了嘛，每天就一起遛遛弯儿、聊聊天，交流一下养生之道。

郝　靖　所以现在很多年轻人买了新房让父母搬去一起住，父母都不愿意去，主要是舍不得那些老邻居。

冯　雷　对，因为房子大小、位置不重要，重要的是有几十年在一起的老邻居。要换一个新环境，父母得重新适应，周围的人一个都不认识，反而不舒服。

郝　靖　说到"择邻而居"，肯定是选择好邻居。大家对好邻居，有没有什么标准？毛老师，咱们古代有什么好邻居的标准吗？

毛佩琦　我觉得好邻居的标准，有一个叫作"与人为善"。凡是与人为善的人，就是好邻居。我们有一个成语叫"以邻为壑"①，这个成语出于《孟子》。孟子谈到治国道理，说魏惠王有一个大臣修了不少水利工程，这个人觉得自己治水患比大禹强。孟子说，你错了，当年大禹疏通河道，是把洪水放之四海，但你却修筑堤防，让洪水流到邻国，你这种做法叫以邻为壑，是非常不好的。所以我觉得，好邻居的标准就是与人为善，最起码不能够妨碍别人——即使我不能够给邻居带来好处，但是我也不要妨碍邻居。那恶邻什么样？就是自私自利、损人利己。

郝　靖　您看，我们现在都住单元楼，有的人在楼上，有的人在楼

---

① 本义是将邻国当作沟坑，把本国的洪水排泄到那里去。后比喻把困难或灾祸推给别人。凡将祸害转嫁于邻居或他人身上，皆可用此语形容。

下。有时候可能家里孩子在屋里滑轮滑，或者有人敲东西、挪桌子，还有女士在家踩高跟鞋，楼下的人就遭殃了。楼上的人可能也不是故意的，但就忘了还有邻居呢。

冯雷，你觉得好邻居的标准是什么？

冯　雷　跟毛老师一样，就是与人为善，至少是你别招惹我，别伤到我，至于你是不是帮我不重要——毕竟每个人是不同的个体，性格都不太一样。别伤害别人，这个挺重要。

郝　靖　就是对邻居要有同理心，就像你对门那对儿大爷大妈一样。

冯　雷　对。比如我现在住的地方，楼上有一户新搬来的人家，是外籍。这家有一个十五六岁男孩，比较活跃，每个周五晚上，都在家里开派对，音乐放得特别大，还蹦呀跳呀，一直持续到早晨五六点。对待这种事呢，我一般一两次就不吭声了，反正我也爱熬夜，到第三次的时候，我实在忍不住了，就给物业打了一个电话，让物业看看怎么处理。物业第一时间处理了，以后就再也没有发生过。

郝　靖　这是正确的处理办法。

冯　雷　说明人家也是懂礼数的，只是他有他的生活习惯。

毛佩琦　所以睦邻其实是相互的，是需要学习的——人不是生来就知道关心别人、爱护别人，很多好的品德是需要培养的。另外，还有一个能让邻里关系变好的行为规范，就是这方面的法律规范。有的国家，你要是影响了邻居，邻居可以直接上法院告你。我们中国没有这么严重，因为我们大多数人都是与人为善的。

郝　靖　是。雅雅，你心目当中的好邻居是怎样的？

雅　雅　好邻居，应该知道你的存在。他看到你的时候，要打招呼、微笑；你困难的时候，他可以帮你。

郝　靖　你觉得邻居还是应该经常来往的，是吧？

雅　雅　对呀，除了家人，邻居是你生活里很重要的一部分。

郝　靖　对，这其实说到了我们接下来的话题：怎么跟邻居交往？你说跟邻居不来往，也不好。就像你们家水龙头没关，邻居会赶快给你打电话；你出差了，邻居能帮你去浇浇花。是吧？

冯　雷　对。人是群居动物。

毛佩琦　社会性动物。

郝　靖　像我呢，就经常和我的邻居，各自吃完晚饭后在微信上约"我们去走走吧"，在公园里一起走走。如果一个人走就特别闷。所以邻居之间还是应该有来往的，虽然现在来往不那么密切了，毕竟大家都有自己的私密空间。那怎么样跟邻居交往呢？古人有没有什么好招呢？

毛佩琦　可以用两个字来概括，一个是"仁"，一个是"恕"。我们先看"仁"，这个字怎么写呢？两个人。就是说，人和人之间的关系要像孔子说的那样，要爱人，邻里之间要互相周济。过去有很多这种组织，比如几个村子离得很近，村民就会组织同乡会。同乡会是干什么的？就是互相帮助，互相联络。很可能这个同乡会的人，有一天远离家乡不在本地了，但是他们老家是一个村的，或者是附近村庄的，无论谁在外边有难了，同乡会的其他成员都会帮那个人。还有更大的，比如过去的山陕会馆、湖广会馆，一个重要的作用，就是组织、周济广义上的乡亲。这是中国一个非常好的传统。和邻居交往，还要做到"恕"。孔子的学生曾经问他：如果要用一个字来表达最高的道德境界，是什么？孔子说："恕"。①

郝　靖　宽恕的恕。

毛佩琦　宽恕是什么？是"己所不欲，勿施于人"——我自己不想要的，我也不要给别人。我不希望别人吵我，我也不要吵别人。我不希望我家因为邻居"发大水"，我也不要让我的水影响了别人。

郝　靖　对。冯雷，你觉得邻里之间怎样相处比较好？

冯　雷　我是习惯了自己过自己的，平时能不打扰别人就不打扰别人。如果邻居找到我，需要帮忙，我会尽自己所能，能帮就帮。我现在住的这地儿，很少跟邻居见面，因为我作息时间不一样。人家朝九晚五上班，我下午才起床出去活动。

郝　靖　但如果碰上了呢，会打招呼微笑一下吗？

冯　雷　会的。让你先上电梯，帮你开个门，或者说你拿重的东西，我帮你搭把手……现在就只能做到这种基本的社交礼仪了，也是有些遗憾。

郝　靖　这很好了。其实邻居之间虽然不清楚对方具体的情况，但互相知道是一个院子的，见面微笑点个头，你拿着重东西，帮你拎一下，这已经非常温馨了。

冯　雷　有时候遇到邻居下楼遛狗，小狗过来闻闻你的脚的时候，那

---

① 子贡问曰："有一言而可以终身行之者乎？"子曰："其恕乎！己所不欲，勿施于人。"（《论语·卫灵公》）

一瞬间，我会觉得很温暖。几个人同时坐电梯，所有人都是笑脸相对，高高兴兴的，你让我一下，我让你一下，感觉特别好。

毛佩琦　人需要交流，人不能总孤独。

冯　雷　对。

郝　靖　可是有很多时候，一个院子住的，包括上下楼住的，大家见面就跟不认识一样，冷着脸。

冯　雷　中国人比较内向，西方很多人上来都是你好，打个招呼。反正我们那个小区，基本上都是见面点个头，说声你好。

郝　靖　所以要择邻而居。

毛佩琦　我觉得，很多的时候这种人和人之间的冷淡，是因为曾经有过不愉快的事，人和人之间会设防。所以，为什么我们提出要建立和谐社会？就是要改变过去那种互相怀疑、不信任、不友善的状况。我觉得这要从发展和睦的邻里关系做起，因为家庭是社会的细胞，邻居是家庭之间的关系，家庭和家庭之间关系都好了，我们整个社会就好了。

■ 睦邻友好也包括与邻国的交往

郝　靖　其实，小到邻里之间，大到国家之间，都讲究一个"和"字，我们常说"以和为贵"。巴基斯坦也是我们中国的邻居，那雅雅有没有感受到，中国和巴基斯坦，现在越来密切，我们的经贸、文化交流越来越多？

雅　雅　我当然感受得到。我们国家，现在有很多大学都要求学生必须学中文，也有越来越多的人自己开始学习中文。我们对中国兄弟有很深的感情，在我们国家有一句著名的话："中国是我们最好的朋友，中巴友谊万岁！"所以，在大学里有各种各样的中巴合作项目。还有"一带一路"倡议，在巴基斯坦的名字是"中巴经济走廊"。

毛佩琦　我们中国跟巴基斯坦的关系，可以说是世代友好。我们自古以来，就有一个跟邻国交往的原则——"厚往薄来"（《中庸》①）。什么叫厚往薄来呢？它指的不是人和人之间，而是国与国之间。我付出的多——厚往，我拿到的少——薄来。不是我惦记着你家的好东西，而是你有什么需要，我来帮你，不求回报。要坚持这个原则，这样我们才能跟邻居搞好关系，跟邻居交朋友。自古以来，我们中国都是用这个原则和周边的国家打交道的。比如说明朝吧，跟近邻朝鲜之间就是厚往薄来。朝鲜使臣到中国来，带了很多礼品，成百上千匹马。朱元璋一看很不高兴，说：你要对我表达诚意，三匹马就够了，其他都退回。而且朱元璋说，我们跟别人友好交往，不能随便打仗，叫作"得其地不足以供给，得其民不足以使令"。什么意思？意思是，我们的国家很大，我要你的土地干吗？你给我供

---

① 《中庸》是儒家学说经典论著，主要论述人性修养。《中庸》提出的"五达道""三达德""慎独自修""至诚尽性"等内容，对为人处世、人性修养有极高的借鉴价值。

给什么？我什么都有啊。"得其民不足以使令"——我们家人口那么多，我要你几个人干吗？我也不占领你的土地，我也不占有你的人口。朱元璋还认为"兵"是不祥之物。说对方不发兵，我们也不能动兵，谁发兵谁就不祥。我们知道，在丝绸之路上，最著名的一个事件就是"郑和下西洋"①。

郝　靖　对。

毛佩琦　郑和下西洋从1405年开始，前后持续了二十多年，经过太平洋，然后到印度洋，再到非洲的东海岸、西海岸，像肯尼亚这些地方。郑和的船队，有两百多艘船，其中一艘船有半个足球场大，船队规模最大的时候是两万七千八百人。郑和下西洋的目的是什么呢？我们在郑和的家谱上，找到了一篇郑和第三次出使西洋，带给西洋番王和头目的敕书。这个敕书上写得很清楚："朕奉天命，君主天下……今特遣郑和赍敕"，"普谕朕意"（广泛地宣传我的意图）。广泛到什么程度呢？"覆载之内，日月所照、霜露所濡之处。"太阳月亮照得到的地方，雨雪下得到的地方。要干什么？关键词："人民老少，皆欲使之遂其生业"。老老少少，我都希望你们过好日子。

---

① 郑和，云南人，小名三宝，又作三保。中国明朝航海家、外交家，有智略，知兵习战。1405到1433年，郑和七下西洋，完成了人类历史上伟大的壮举。宣德八年（1433年）四月在印度西海岸古里国去世。郑和下西洋是中国古代规模最大、船只最多、海员最多、时间最久的海上航行，比欧洲国家航海时间早半个多世纪，是明朝强盛的直接体现。有史料称郑和下西洋使"贫民致富"，而奢侈品"国用充足"。

怎么样才能过好日子？明成祖朱棣在给各个国家的敕书当中有一句话："强不可凌弱，众不得暴寡，与天下共享太平之福"。什么是"共享太平之福"？就是现在所说的"命运共同体"。而人类的命运共同体，就是我们和谐相处，我们共同繁荣世界，建立世界秩序。所以，我们现在说弘扬中华优秀传统文化，弘扬什么？我们的传统文化当中有非常好的东西，指导我们在世界范围内与他国如何相处。所以我们从家风、家训讲邻里相处，再讲到国家关系，这是一脉相承的。我们一定要把这个宝贵财富传承发扬下去，要提倡郑和的精神。

郝　靖　以和为贵，帮助弱小。

毛佩琦　"强不凌弱、众不暴寡"的理念，有着恒久的价值，它代表中国人的智慧，代表中国人的天下观。我们需要国家自信，也需要国家实力，有实力才有话语权……你很弱小，你说话谁听呀？没有人。所以一定要我们自己强大起来，才能把这种理念推广到各地区，才能够坚持下去。

郝　靖　我相信，我们的邻居们也希望中国能够更加强大，因为他们知道中国是"以和为贵"的国家。我想问问冯雷，你经常出国，在国外拍戏或者旅游，有没有感受过国家之间睦邻友好的氛围呢？

冯　雷　前些年出国吧，你得看你去什么地方了。比如欧洲，人家会客客气气的，基本礼数有，但你能感觉到他们对中国不了解。现在再去呢，你就会明显感觉到他们是由衷地礼待你，是发自内心地笑脸相迎，而不是以前礼节性地微笑。

郝　靖　对。

冯　雷　我觉得这有两个原因：一个是因为我们国家确实强大了。不说仰望，人家起码对我们是平等相看了。另一个是因为自己内心强大了，不是因为我有钱，而是我有自信了，我不觉得我就比外国人低一等。

毛佩琦　前年我在欧洲，我们去一个咖啡馆喝茶。我不喝咖啡，但是那儿有茶，我就喝茶，感受他们那个氛围。我们喝茶的时候，他们问：你们是中国人？我们说：是。结果我们离开的时候，那人追出来跟我们说：李敖。我说：什么"李敖"啊？我不是"李敖"。

冯　雷　"你好"。

毛佩琦　对，是说"你好"，就是他由衷地表示对你的友好了。

郝　靖　他喜欢你，他喜欢中国人。

毛佩琦　所以我们的睦邻友好，也是有条件的。如果我们不强大，很可能邻居就欺负我们；如果我们强大了，我们又主持正义，邻居和我们的友谊会更加长久。

郝　靖　雅雅，你现在大几了？

雅　雅　二十三岁，大学一年级。

郝　靖　毕业之后，你打算干什么？

雅　雅　我一年后就毕业了，我参加的是短期的项目。可是我打算继续增进中国和巴基斯坦的关系，因为我看到我们国家有很多中国的项目，但是没有很多人做中巴翻译，帮助他们做贸易，那么我就可以做这些。除做贸易翻译之外，我也打算做我们国家的大使，因为我知道中国和巴基斯坦是好朋友。

郝　靖　你喜欢中国，希望成为巴基斯坦和中国交往的纽带，是这样吗？

雅　雅　对，是这样的。

郝　靖　我们都知道"一带一路"建设秉承"共商共享共建"原则，互不侵犯，平等互利，兼容并蓄，共同发展，这不正是好邻居的相处准则吗？这样的好邻居，又怎能不受欢迎不受尊重呢？

扫码观看本期节目视频

感悟

隔

邻居，也叫隔壁。在很早的时候，邻里之间虽然隔着墙，生活却是亲密无间的，那堵墙更多是象征意义上的存在，人和人之间，家和家之间，隔却不隔。而现在，随着城镇化的发展，随着生活方式的多元便利，我们好像变得不需要邻居了——快递、外卖、互联网，足不出户几乎就可以解决生活中的所有需求。我们不再需要去邻居家借个油盐酱醋，除非万不得已也不用去向邻居求助，真有什么事情或者问题，给物业打个电话，身体不好，打个120……邻里之间的互助需求一下子变弱了，联结的纽带好像也不复存在了。隔，就变成了"隔重门户隔重山，隔层楼板隔层天"。我们住得很近，却隔得很远，鸡犬相闻、守望相助，似乎成了很遥远的回忆。

　　可是真的如此吗？

　　很多时候，我们不是不需要邻居，而是怕麻烦。过于熟悉的邻居会介入你的生活，侵犯你的隐私，占用你的时间……确实，在从前的邻里关系里，你家几口人，都是什么性格，甚至你们早餐吃的什么，家人之间是不是吵架了，邻居都知道，甚至会过来劝慰，给予善意的意见。可是随着现代人个体独立性需求的增强、隐私重视度的提高，与邻居的交往就成了负担。为了避免可能会产生的麻烦，我们轻易就忘记了跟邻居结成伙伴会带来的很多快乐和便利。或者说，因为缺乏安全感，时刻保持着戒备心。现在不像以前，邻居都是世代定居在某个地方，现在的邻居今天搬来明天搬走，他的来处、他的性格，我们都不了解。于是，我们秉承着不和陌生人说话的原则，同一栋楼里进进出出的邻居形同陌路。城市的高楼和防盗门阻隔了邻居，邻里之间的联系只剩下猫眼里一个小小的折射区。但是不知道，有多少人比较过，在电梯里，面对一张陌生的冷冰冰的脸和一张熟悉的笑脸，哪个更具安全感？

都说"远亲不如近邻"，即使是在高速发展的喧嚣城市中，邻居依然是距离我们最近的人，是在我们危难时，可以第一时间给我们提供帮助和支持的人。不管朋友圈有多少好友，有多少欢乐，能带给我们踏实的安心和温暖感的，仍然是熟悉的邻居的笑脸。我特别喜欢在书里看到的一个场景："但凡我家里来了人客，便邻妇亦说话含笑，帮我在檐头剥笋，母亲在厨下，煎炒之声，响连四壁……"这样充满烟火气的场景，让我想到从前邻里之间的亲密和快乐，一家来了客人，连邻居也跟着高兴、热情，现在想起来仍然觉得温暖。世界可以变得很温暖，试着从关爱邻居开始。

中国人讲究和与合，和睦、和善，才能形成合力。邻里关系的和谐与否，不仅仅关乎个人，家庭之间友好相处才能实现社会的安定与和谐。给邻居一个笑容、一声问候、一份关爱，你会发现生活可以更美好。

践行手册

看了这一期节目,你有什么感触呢?欢迎写下

页　　码

原文摘录

应用计划(请联系你最近三个月内的相关经历,写出你打算采取怎样的行动,以及开始的时间、频率、目标、步骤以及监督人)

德行天下

DE XING TIANXIA

上善若水,德行天下,是一种不争而胜的若水境界,是一种求新通变的德善情怀。孔子说:"德才兼备,以德为首。"《刘备家训》也告诫我们:"勿以恶小而为之,勿以善小而不为,惟贤惟德,能服于人。"

德行天下

德行天下，是指以高尚的道德情操处理事务，行走于天下。

（舜幼时，母亲去世，后母和弟弟一起对他百般刁难。）
后母：吃那么多还不干活，别吃了！
舜：母亲大人你辛苦了。弟弟你要当心，可别摔了。

（舜在地里耕田，一头黄牛和一头黑牛拉着犁在前面，舜在犁后面拴了一个簸箕，敲击簸箕，用声音吓唬牛。）
尧：耕夫都用鞭子打牛，你为何只敲簸箕不打牛？

舜：牛为人耕田出力流汗很辛苦，再用鞭打，于心何忍！我敲簸箕，黑牛以为我打黄牛，黄牛以为我打黑牛，就都卖力地干活儿了。
（尧对舜好感剧增。为了进一步锻炼考察舜，尧又把自己九个儿子给舜管理。舜和尧的九个儿子一起开荒种地，关系十分融洽。尧对舜很满意，将两个女儿嫁给了舜，还将皇位也让给了他。）

访谈

李一冰

北京外国语大学阿拉伯语专业学生

谭飞

影视投资人、文化评论人

李山

北京师范大学文学院教授、博士生导师，《百家讲坛》主讲人，曾被评为『全国魅力教授』

■ 德行对每一个人都是很重要的

郝　靖　今天我们的家训主题是德行天下。我想先问问谭飞老师，在德行方面，您家里或者父母有没有家训或者教诲？

谭　飞　我父母给我说得最多的两句话：一个是"吃小亏占大便宜"；一个是"挣钱如当针挑土，用钱如当水刨沙"，就是挣钱不容易，要珍惜。家训给我的影响还是很关键的。因为我在经商过程中，也会遇到一些小诱惑。我每次就想，这后面是不是有陷阱啊？我占了这点儿小便宜，后面是不是会有更大的损失？可以说，有关德行的家训，让我避免了很多损失。

郝　靖　其实说到德行，它是一个很宽泛的概念。比如，我们在生活中把一件件小事都做好了，累积起来，也是一个有德行的人。就像我们在漫画里看到的关于舜的故事。

李　山　舜这个人到底是否存在，历史学家还有不同的观点。在中国的传统文化里，尧舜时代是一个非常特别的时期，是中国文化的奠基时代、昌明时代。那个时期，全球发生了一次洪水，之前的文明被冲毁了，所以尧舜时代，正是文明的再建时期。有学者通过考古成果以及文献记载，推测出尧舜时期距今天大概四千多年。但是舜巧驭耕牛是后人的传说，为什么呢？因为中国人使用牛耕地是春秋时期才出现的，比舜晚两千年左右。但是这个故事本身代表着人们对孝这种行为的赞扬，古人认为舜是"大孝"。这个大孝不容易啊！中国很多孝子，都遇到一个难题——后妈。按照《尧典》里的记载，舜的父亲心眼儿糊涂，偏心弟弟象。后妈唠叨、弟弟贪心，舜的父亲和弟弟总是一起害舜：舜去修房顶，他们就撤梯子；舜去淘井，他们俩就给井里填土。在这种情况下，要行孝道是很困难的。实际上，现实生活中也不是所有家庭都父慈子孝、兄友弟恭，所以中国人讲舜这个故事，强调的是什么呢？孝道，是一种德行。

郝　靖　这是以德报怨。

李　山　对的，但是"德行难"。就算是亲爹亲妈，和我们也会有冲突的时候，那怎么办？需要拿出一些真诚，克服一些困难。所以，《诗经》里面有一句话，说德像鸿毛一样轻。"德辀如毛，民鲜克举之。"（《诗经·大雅·烝民》）

谭　飞　但很少有人能够把它（德行）托起来。

郝　靖　德，说起来很容易，做起来太难了。到底什么是有德呢？两位老师都知道，咱们中华传统文化里有"八德"。

李　山　孝、悌、忠、信、礼、义、廉、耻。

郝　靖　那么在道德的范畴里面，做到这"八德"，是不是就是一个德行好的人呢？

李　山　对，中国是一个尚德的国家。实际上很早，大概在三千多年前，我们就提倡文治天下、德治天下。德行有各个层面上的，"八德"实际上是我们立身、处世应该遵循的八种人伦之德。忠，是要忠于国家，忠于人民，忠于自己的职业；孝，是要处理好家庭关系；廉，做官不能贪污；信，一个人不讲信用，今天可能得逞一时，最终大家都知道你是这样的人，都防范你，你就完蛋了。孔子就说："人而无信，不知其可也。大车无輗，小车无軏，其何以行之哉？"（《论语·为政》）你行不通。

谭　飞　李山老师说完这个话题，我其实特别地紧张，因为我觉得这是要审视自己身上"皮袍下的小"，用鲁迅先生的话来说。我父亲还给过我一个特别重要的教诲，因为我也写评论，他说你尽量说真话，当你没法说真话的时候，你也别说假话。我觉得这也是一种德——宁愿不说，也别说假话。我觉得每个人从自己开始，先把自己的私德建立好，这个社会才会有公德，这是我的一个观点。

郝　靖　就是每个人先把自己做好。那一冰你现在还是学生呢，咱们上小学、中学的时候，一般都有思想品德课，上了大学，还有思修课。可是等到考试的时候，好像还是把成绩放在第一位，因为只有好成绩才能上一个好的学校。

李一冰　对，成绩本身确实是我们去往更高、更好的学府的一个工具。不过，上学期间我们受到的德行教育，实际上潜移默化地影响了我们。一个人如果想要对这个社会有所贡献，想要真正成长为一个完人的话，首先他要注重自己德行的修养。像刚才李山教授提到了孔子的这些说法，我特别赞同。孔子有一句"己所不欲，勿施于人"。其实我觉得这就是一个将心比心的过程。这个也是刚才谭飞老师说的，只有个人先形成了私德，我们整个社会才能建立起一种公德。

郝 靖　其实从古至今，我们中国人都把"德"放在一个最高的位置上。那我想问问谭飞老师，您投资了很多影视剧，在选择剧本的时候，您有没有把这个"德"作为一个很重要的评判标准，有意识地传递一些正能量给观众呢？

谭 飞　我们十几年前投拍过一个系列剧叫《康熙微服私访记》，我相信很多观众都看过。它里面有很多康熙寻访民情、处罚贪官污吏的故事。我觉得这个里面其实也有德行教育的成分，就是让很多人知道什么对，什么不对。

郝 靖　是。比如我看过的《乔家大院》《那年花开月正圆》，从乔致庸到周莹，其实他们也是在坚守一种"德在上、商在下"的理念。在经商上他们很有智慧，但同时他们也很守商道，所以才能成功。我觉得这样的电视剧能在社会上传递正能量。商道最重要的诚信——做生意的时候不欺骗人，不拿假货卖给别人，这还是一个"德"字。

■ 公众人物更应该注意德行的影响作用

郝 靖　谭飞老师，您有没有觉得公众人物在德行方面更得重视，因为他们的一言一行都受到大家的关注？

谭 飞　我有一次去一个朋友的剧组探班，一个正当红的"小鲜肉"就在那儿跟人对戏。我发现，他的所有台词都不是台词，都是中英文夹杂，AB一二三，五四CBD，根本不知道他在说什么。但是最后这个戏放出来了，好像每句词还真对上了，配音了嘛。我甚至还听说过，有演员用"锁骨替"。什么叫锁骨替？因为有些戏，女明星的锁骨得露出来，她自己锁骨可能不好看，就找一锁骨好看的替她拍露锁骨的特写镜头。

郝　靖　那您觉得，这属于在德的方面有问题吗？

谭　飞　我觉得是德行亏欠。为什么大家对流量演员有那么多的批评和挞伐？因为他们拿了那么多钱啊！有些演员一部戏拿一亿多，拿那么多钱你还不把最重要的艺德体现出来，你凭什么拿那么多钱？

郝　靖　我们知道在演艺圈里，"封杀令"这三个字很厉害，您怎么看？

谭　飞　封杀就是艺人出现劣迹后，按照国家有关部门规定，这些艺人的戏不能播出。

郝　靖　这就是对艺人德行的一种约束。

谭　飞　是。但这个是连锁反应，不只是艺人遭殃，连投资方都会遭殃。所以现在我们选演员的时候，首先要看这个演员有没有德行。这个也带动整个影视圈把德行放在第一位了。

郝　靖　那您对这个"封杀令"是看好和支持的？

谭　飞　我是看好和支持的。我觉得通过这样的规定，促使影视圈形成了提倡艺德、艺风的风气，让演员知道，你不仅要演好戏，更要懂得做人。

郝　靖　因为他们都是公众人物，他们的一言一行必然会有很多人去学习效仿，比如说孩子们。那一冰有没有喜欢的艺人、演员呢？

李一冰　有，我非常喜欢黄渤。其实我觉得对于一个大学生来说，喜欢的艺人如果能在自己的人生中传递正能量，引导自己的话，实际上能带来一种非常积极正向的影响。但是，如果这个艺人传出了丑闻，比如吸毒，或者违反社会的一些公序良俗，那对一个处在人生成长阶段的学生来说，打击可能真的是非常大的——就好像是心中的某种像信仰一样的东西塌了。所以，我特别希望现在这些明星们，首先要在"德"上能够立得住，那么对于这个社会的年轻人，或者说对于这个社会的整体风气，会有非常好的促进作用。

李　山　实际上这个问题，还是能同家风连起来——艺人也是由爹妈养的。一个人的德行一定会反映出这个人从小受到的家教。当代教育认为谁是最重要的学校、最重要的老师？是家庭，是父母。我们的知识可能得自老师，可是我们的性格品行特征都是随父母，所以家教如果严一点，以后无论是成名了，还是有钱了，都能把持住。当然，我不是说家教可以决定一切，但是，好的家教培养出来的人，自制力可能就强一些。

郝　靖　说得太棒了！我们看到一冰就是一个很积极向上的大学生。我想问问一冰，小时候家里人在这方面是怎么教育你的？

李一冰　对于我来说，父母主要是通过以身作则来影响我，可以说身教胜于言传。比如，他们都对工作非常认真负责。可能有的人觉得，工作嘛，就是谋生的手段而已，但是我父母用自己的行动告诉我，这是一件很重要的事。因为我们每个人都是社会的一分子，我们以认真负责的态度对待自己的工作，才能让整个社会正常、良好、有序地运转。另外，我父母也会针对不同的境遇给我一些建议。比如说顺境的时候，他们经常提醒我：做人不能太满。就是说，当你一帆风顺，觉得自己天下第一的时候，往往就是你要开始受挫折的时候了。而在逆境的时候，父母告诉我，不要把它仅仅当作一种苦难，而要把它当作人生的一种历练。在逆境之下，更容易找到自己的不足，然后努力去做得更好，不断地提高自己。我觉得父母能不断给予孩子积极向上的力量，让孩子去相信一些真的、善的、美的东西，向更好的方向发展，这本身也是一种德行。

郝　靖　对，刚才李山老师也说了，家教真的太重要了。好的家教能让我们受益无穷。谭飞老师，您肯定也特别注重孩子的教育吧？

谭　飞　我对孩子的教育，主要是"润物细无声"吧。现在，你如果整天用讲道理的方式教育孩子，其实不太行得通，但是父母可以通过自己的言行去影响孩子。我经常带孩子去看电影，我们会讨论这个戏里面每个人物的境遇，我不会讲得那么明白，好与不好，让孩子来告诉我他的判断。然后我再跟他聊电影的一些细节——这个人物的行为对不对，他应该成为一个什么样的人，他的命运说明了什么……我觉得给孩子看优秀的影视作品，可能胜过一切的言说。比如《寻梦环游记》，孩子看得热泪盈眶。所以我觉得，父母教育孩子不能只看成绩、学历，还要给孩子精神食粮，当然是有德的、好的精神食粮，会对孩子的未来有非常非常大的帮助。

郝　靖　对，人品其实是最高的学历。我们应该把德放在认人、用人的第一位。包括交朋友，大家都希望交有德行的人，甚至有人说"无德有才的人于社会是祸害"，李山老师怎么看？

李　山　实际上这是一个老话题。一个人的才华是天生的，是多少就是多少，你像李白、杜甫的才华，你学不到。但德行是可以修炼的，所以古代人讲大德以上不论才。才华大小跟德行高低不是一个成正比的关系。一个人在社会中要成就一番事业，光靠才是不行的，而德可以补你才华的不足。一个有德行的人，大家都愿意帮忙；一个说话算话的人，大家都愿意跟你来往：这就是德行天下。所以，德也是一种实力，是做人的一种智慧。我们强调德才兼备，德为第一，这不是说我们非要教训别人，非要站到一个道德制高点上说话，有没有德就是决定了你的事业做得大不大。

谭　飞　对，其实影视圈也是。一个人靠脸蛋儿走不长远，让他走长远的，第一是人品，第二是文化。有个词我印象特别深，叫"德不配位"。这个位可能是地位的意思。其实在影视圈也很明显。我们看那些演了几十年戏，依然活跃在影视圈的艺术家们，为什么能走得长？就像李山老师说的，是因为他们德艺双馨。比如说李雪健老师，那么大年龄了，但他背词可以背得一字不差，而且对戏的时候，给年轻演员的那种教诲,真的是很真诚。还有潘虹老师,她给人的感觉就是非常温婉、优雅,而且她跟任何人说话都很谦逊,没有那种说我在这个圈好多年,我是个大明星,我曾经多红的感觉。还有胡歌,很多人喜欢他,我觉得他除了长相帅、演技不错,更重要的是他的人品好。有一次,我看到胡歌的一个粉丝,是位七八十岁的老大姐,胡歌搀着她,像对待自己奶奶一样——那真不是装出来和演得出来的。其实人们心中都有杆秤,一个人有没有德,让人觉得舒不舒服,那是演不了的。

好的德行源于好的家教

郝 靖 您这句话特别对,就是说德是演不出来的,是从小培养出来的。那古代有哪些关于培养德的家训呢?请李山老师给我们讲讲。

李 山 我还真的仔细察看了一下,在家训里面,"德"这个字出现得很少。其实家长教育孩子,最忌讳的就是给孩子讲大道理,应该从小事入手一件一件地教。比如说要俭朴,俭以养德,《菜根谭》[①]说:"咬得菜根,百事可为。"再

[①] 《菜根谭》是明朝还初道人洪应明收集、编著的一部论述修养、人生、处世、出世的语录集,对正心修身、养性育德有潜移默化的力量。

举个我们家的例子。有一次,我女儿回来跟我愤愤不平地说,有件事明显不是她做的,结果老师在课堂上批评她,她顶了老师几句。后来老师把她带到办公室,所有老师都批评她。我就告诉她说,古人有这么一条:对上级,他有错误你可以明着说;对老师,如果他在班上批评错了你,你课下把是非曲直跟他说清楚,他会给你一个交代的,但你不能当堂顶撞他,顶他你首先错了。所以老师批评你,不是批评你别的,是你作为一个学生,怎么可以在课堂上当众顶老师。小孩子,我们知道他有很多困惑,孩子遇到挫折、有了问题,家长得跟他一块儿面对问题,得站在孩子的角度看问题、分析问题。

谭 飞　我今天第一次见李山老师,他说的话我觉得特别真诚。其实真正的德行教育,不是我跟你讲一套大道理。特别是现在这个社会，说实话，你讲道理没人听了，就是拿一件小事，比如面对老师的批评，孩子该怎么做，家长要给孩子正确地读解，让孩子受启发。

郝　靖　他就知道以后遇到类似的事情该怎么做了。

谭　飞　让他有一个正确的价值观和人生观。就像我带孩子看电影，其实不用讲太多，他自己都会有评判。

李　山　人的学习，有两种层次：有意识的和无意识的。比如说，学了一个道理，这是你的知识；学了一个道理，让它进入潜意识里，变成你下意识的行为，这叫修养。家教实际上更多的是在修养层次，是对孩子个人趣味的培养。一个人趣味、情操的高低决定了他在这个社会所处的层次。一个人趣味低，就好比唱歌的人音不准，画画的人色盲。家庭教育之所以重要，也是因为它培养的趣味、情操，是学校、老师培养不了的。

郝　靖　对，如果家长就爱打麻将、爱看肥皂剧，却要求孩子努力刻苦、多读书，这怎么可能？

李　山　现在很多人没有做好做父母的准备就做了父母。

谭　飞　所以我总是看到有人呼吁"救救孩子"。我觉得"救救父母"更紧迫，有的父母真的是失位了。

郝　靖　对，父母要先自己做好。

李　山　过去都是《弟子规》，实际上当代需要一个"父母规"。

郝　靖　对，父母应该先学会怎么当父母，尤其应注意德行，父母的一言一行、一举一动都影响着孩子。

好的社会公德的形成从每个人做好自己开始

郝 靖　现在大家对德行的关注度是越来越高了,这里我想到了我们西安前一段时间开展的"礼让斑马线"活动,就是车到人行道前必须让人。如果没有让,就会被罚得特别厉害。这是用规矩先把行为给纠正了,大家习惯了,自然而然地就去遵循了。

谭 飞　你说得特别对,就是很多"德"可能需要通过法律、法规来呈现,让很多人体会到这个"德"是必须要有的。比如,有一次我们在杭州打车,司机看到有人要过马路,就停在那儿等人通过。我就问他：全国司机都爱跟行人抢道,你们杭州的司机怎么不太一样呢?他说他们有一个奖励制度。

李 山　出租车公司给车都装了行车记录仪。如果你礼让行人,公司会给你奖励。这个跟你刚才说的那个惩罚规则,本质上是一个道理,都是让人觉得有道德是有价值的事。

郝 靖　所以它就可以传递开了,这叫公德。我还想起一件事,前段时间,刚有共享单车的时候,生活的确方便了很多。但是破坏共享单车的行为也折射出很多人的道德底线。

谭 飞　我遇到的最恐怖的是,共享单车的车座上反插着一根大头钉!哎哟!我想,幸好没坐上去,我这117斤的身躯,坐上去……可想而知会发生什么!

李一冰　我也有很深的感受，我去骑共享单车的时候，基本上十辆里有三到四辆都是坏的。而坏的原因各不相同，有的干脆就没有座子，或者扫完码骑的时候发现链子掉了。我觉得这是很可怕的一件事情。破坏共享单车的问题，看起来是生活中很小的一件事情，可是会给生活带来诸多不便。与此同时，也会让人觉得：这个社会上有那么多人不遵守道德规范，他们都不为其他人着想，我为什么要为其他人着想呢？如果这种消极的认知在社会上蔓延开来，是很可怕的。

郝　靖　会造成恶性循环。

李一冰　对。我们应该让那些温暖的小事汇集起来，汇成一条善的河流，在我们整个社会中汩汩流动。

郝　靖　是。不过我也看到对于破坏共享单车的人，大家都非常鄙视，好像现在这种行为也越来越少了。

谭　飞　现在确实好多了，坏的概率比以前低多了。其实刚才我们上半部分基本谈的是私德，下半部基本谈的是公德。我觉得，个人的私德影响了整个社会的公德。

李　山　公德和私德的关系，就像咱们中国人虽然也讲"移孝作忠"，就是把孝敬之情、爱父母之情向外推，就是"老吾老，以及人之老，幼吾幼，以及人之幼"，实际上我们说中国的教育本根在家庭。《论语》第二段话："其为人也孝弟，而好犯上者，鲜矣；不好犯上，而好作乱者，未之有也。"（《论语·学而》）。这句话，实际上强调了什么呢？就是好的家庭会造就好的社会分子。可是，在我们现实生活中，实际上面临一个问题，就是现代社会所要求的公德是公民社会应该遵循的一个德行。比如说关爱他人，什么叫关爱他人，不干涉他人就是关爱他人，比如别逼婚，别见面就打听他人生孩子与否，要尊重个人空间的界限。我们传统文化不太注重这个，但这作为我们的新家训或者说一种新社会风尚，是应该提倡的。所以，我们除了"父母规"，还应该有一些现代社会公民和他人打交道的时候，要遵守的以及应该注意的基本原则。实际上，这个也应该是由家长来了解，传递给孩子。不要窥视别人，不要干涉别人，就是对别人的尊重。

郝　靖　对。

李　山　其实古今中外，每个社会都会有不遵守公德的人，大家会谴责这种人，甚至会形成舆论热点，但我们应该提倡的，还有一句："为仁由己，而由人乎哉！"（《论语·颜渊》）当我们批评别人的时候，如果能想想自己，可能马上就会闭嘴。因为我们在很多无意识的情况下，也会做一些不利于别人的事情。所以才说"吾日三省吾身"这个事情，有时候是会让人出冷汗的。

郝　靖　对，由我做起，从现在做起。每个人都有"德"，公德自然就形成了。

谭　飞　人本身一定有追求真实、真诚、善良的愿望，还有对美的认知。比如社交媒体上也在形成一个对道德回归的呼唤，包括关心弱势群体，对某些需要改进地方的客观理性的批评建议，支持公益事业，自我行为的变化，人生哲理的思考，等等。我觉得这些东西都是有意义的，有价值的。不是说物质的东西才有价值，物质的东西是有价格的，真正有价值的应该是这些。我们这个社会，应该是个道德社会，而不应该是个"得到"社会。

郝　靖　古代家训给我们提供了各种含义的"德"，我们应该古为今用。随着社会的进步，我相信会有更多的人关注个人修养，不断反省、完善自己，并传递给孩子们。人都是向善向美的，相信我们的社会风气也会越来越好。

感悟

道与德

"德"最难讲，因为在讲之前难免会先自我审视一番，就很容易因为发现谭飞老师提到的"皮袍下的小"而后背发冷。人是神性和动物性的综合，有趋于善的、好的一面，也有趋利避害的一面，每个人都不能免俗。所以，在某种程度上，德是在跟人的一些本性作战，这就更难了。

因此，在讲"德"之前，我想先绕到"道"。所谓说教，恐怕就是我现在谈德论道的样子。可是只有理清楚了，才能尽全力做好吧。

道、德总是连在一起说的，实际上，古人更重视道。孔子说"朝闻道，夕死可矣"，可见一斑。韩非子也认为：天底下最高级的，莫过于道和德。"夫道者弘大而无形，德者核理而普至。"这里似乎给我们区分了道和德，可又不大明白。从词源上看，道指的是自然运行与人世共通的真理，而德是人世的德行、品行、王道。这就很清楚了。更简单地说，道是规律、理性，德是对规律、理性的尊重、践行。体现在人身上，道就是德。而且，德不仅仅是针对人类，应该是针对所有的事物。这样一说，德好像又不是很难了——尊重自然规律，尊重社会规则、制度，在这些标准的观照下做好自己，就是德了。其实也没错，一个懂得尊重规律、规则的人，一般是不会走偏的。懂了道，就接近了德。

但是要求别人容易约束自己难，是否尊重规律和规则很容易成为我们评判他人的标准。大家常常可以准确地判断出一个人的失德行为并予以批判，但是很少有人能时时刻刻观照自己。这就可怕了。想起今年的世界杯，我不太懂足球，跟风看了几场，突然有一天似乎明白了传球的最佳路线、射门的最好时机，可是我一个外行都能看出来，为什么专业水平极高的球员不知道呢？后来一个资深球迷解答了我的疑惑：我们从屏幕上可以清楚地看到全场，看到每个人的位置，可是球员却看不到，所以不能做出最及时、合理的判断。在某种程度上，球迷的抱怨是基于一种上帝视角。我恍然大悟，不是足球知识，而是上帝视角——我们最容易犯的错误之一，尤其是在道德评判领域。

比如说，道德绑架。古今中外不乏因道德舆论压力而自杀的人，可是促成舆论形成的我们，就是有道德的吗？我们只是更多地用道德来考量别人，而忘了约束自己而已。所以，道德的第一特性应该是跟自己的人性博弈，是一种自我约束、自我修行，克己才能复礼。

比如说，理所当然。我在规则之下进行着善的行为，理所当然，你也应该如此。这种情况最常见。我会给老弱病残让座，你也应该让；我关心流浪狗流浪猫，你也要有爱心。可是，没有让座也许是因为身体不适，"缺乏"爱心也许是因为怕狗或者猫毛过敏。德行只能用来约束自己，不能去要求别人，更不能形成干涉。所以，道德的另一个特性应该是利他性，不能忽视别人的潜在利益。道德是就高不就低，不能因为对方达不到就去追求低标准，以高标准约束自己，修好己德，才能影响他人。

…………

社会飞快进步着，物质极大丰富，价值观也更加多元化，道德既面临着极大的挑战，也具有了新的内容。每个人都应该注重内心世界的丰富，追求社会主流道德，让自己成为谦逊、高尚的人。这样，我们向往的社会才能成为现实。

践行手册

看了这一期节目，你有什么感触呢？欢迎写下

页　　码

原文摘录

应用计划（请联系你最近三个月内的相关经历，写出你打算采取怎样的行动，以及开始的时间、频率、目标、步骤以及监督人）

举案齐眉

JU'AN-QIMEI

我们中国是礼仪之邦,自古以来就提倡夫妻礼仪。《温氏母训》中说:"夫妻恩爱,相敬如宾,同甘共苦,携手并进。"还有传颂千年的关于夫妻礼仪的故事:举案齐眉。也许夫妻礼仪,正是调试夫妻关系的一种妙法。

举案齐眉

举案齐眉，指妻子送饭时，为了表示对丈夫的尊敬，把托盘举得跟眉毛一样高，后形容夫妻互相尊重，十分恩爱。

（梁鸿、孟光夫妇在皋伯通家打短工，共同劳动，互助互爱，彼此又极有礼貌，相敬如宾。）

梁鸿：娘子喝水。
孟光：你先喝。
梁鸿：不要动，你的头上粘了根稻草。
孟光：谢谢夫君。再喝一口水吧。

（梁鸿干完活儿回家，孟光将盛着饭菜的食案举起，递给丈夫。）

梁鸿：我回来了。
孟光：夫君辛苦了，累了一天快吃饭吧。
梁鸿：有娘子的关爱，我岂会觉得辛苦，反而是娘子在家操持家务辛苦了。

访谈

李山

北京师范大学文学院教授、博士生导师，《百家讲坛》主讲人，曾被评为"全国魅力教授"

史林子

旅游卫视主持人、著名演员喻恩泰妻子

苏阳

北京外国语大学印度留学生

■ 婚姻需要互相尊重

郝　靖　今天我们的主题是举案齐眉。为什么会请史林子来呢？因为史林子和喻恩泰就是相敬如宾、举案齐眉、夫妻恩爱的代表。林子不仅是著名演员喻恩泰的妻子，还是旅游卫视的主持人，去过很多地方。苏阳是印度人，林子你去过印度吗？

史林子　印度我还真没去过，但是我一直非常想去，特别是看了李安导演拍的《少年派的奇幻漂流》，对那个男主角的印象非常深。《摔跤吧！爸爸》也是非常好的一部电影。都让我们能真正地感受到印度很深层的文化。

苏　阳　宝莱坞很有名。欢迎您来印度，我可以当您的小导游。

史林子　太好了，谢谢谢谢！

郝　靖　看来这个演员的爱人，也爱看电影。是不是跟恩泰在很多方面彼此会有影响？

史林子　对，包括性格、习惯以及各自的爱好，其实会慢慢越来越像彼此。我还没跟他结婚的时候，大家都说我们俩长得有点像。结婚以后，就是大家都会说我们有夫妻相，真的是越来越像了。

郝　靖　真的太幸福了。那我们今天的家训主题是举案齐眉，就是夫妻之间的礼仪，我们请李山老师给我们讲一讲这个故事。

李　山　举案齐眉讲述的是梁鸿和孟光①的故事。这个梁鸿——梁伯鸾，他是陕西平陵人，平陵离长安城不是太远。实际上孟光并不是一个美女，她比较胖，还比较黑，而且力大无比，据说她能举起舂米的大石臼。举案里的"案"是个什么东西呢？不是书桌，也不是案板，就是个小托盘。汉代的饮食是分餐制，大家席地而坐，每个人的饭都是装在这个食案里，端到吃饭的人面前，所以举案可以齐眉。

史林子　刚刚看这个故事的时候我就在笑。因为我跟我先生，就很像孟光跟梁鸿。为什么呢？比如我们家修个灯泡什么的，我先生就会说："亲爱的，那个灯泡坏了，你快来看一下。"我心里想：这不是男的该干的事吗？但是我马上就去换灯泡了。或者"亲爱的，这个水怎么流出来了，你看一下这个下水管道"——基本上家里的这种粗活都是我包揽了。

郝　靖　人家是秀才嘛。

史林子　对，所以我先生就会觉得，我从来不会把自己特别当一个小女孩儿，不会去计较我在家里面干什么，不干什么。像我们年轻人，在踏入婚姻的时候都会想：夫妻在婚姻中到底应该怎么相处？然后就会发现，其实婚姻是最需要我们去维护的一种关系，因为它不像我们和孩子的关系，是血缘

---

① 孟光，东汉贤士梁鸿之妻，身材肥胖，肤色黝黑，容貌欠佳，但力气极大，能力举石臼。孟光未嫁时，有人给她做媒，她都不肯嫁，说是"必嫁梁鸿"。婚后他们抛弃孟家的富裕生活，到山区隐居，后来帮皋伯通打短工。

关系，是打不走骂不散的。而婚姻关系是很微妙、很脆弱的。所以我觉得现代人要举案齐眉，就是说夫妻俩要找到一个很舒适的方式去相处。

郝　靖　还是要有礼数的。

史林子　没错。

苏　阳　那如果你叫你的丈夫做电工的时候，他说他要出去了，他不想做，那你会生气吗？

史林子　我不会，因为我会觉得他干得没我好，我也不太放心他来干这事。

郝　靖　苏阳，在印度夫妻之间是什么样的关系？当然，你现在肯定是没有结婚，那你爸爸妈妈是怎么相处的？

苏　阳　在印度是男尊女卑，丈夫像上帝一样。每天丈夫出去、回来的时候，妻子都要摸他的脚，表示祈福、尊重她的丈夫。还有就是妻子负责做饭，丈夫不可能帮助他的妻子，公婆也不会帮助她，她都要自己做。如果好吃的话，就会给整个家带来好运。但是在中国，我觉得好像是女尊男卑。

李　山　那是现代了。现在有一句话是"从北京到南京，怕老婆大时兴"。

史林子　在外国人看来，中国的男人是怕妻子的。其实妻子私底下是非常非常敬爱自己先生的，所以先生反而更加包容，就什么都妻子说了算，不计较什么，其实这也是爱的一种表现。

郝　靖　我想问问林子，在你出嫁前，父母对你有没有一些关于婚姻的训导？

史林子　我妈妈在我出嫁前就告诉我说，如果不是什么原则性的问题，坚决不能随便放弃婚姻。还有女人要关心先生，因为先生很辛苦，所以从家务到外面的朋友，都应该是女人来张罗。虽然你是一个旅游节目主持人，要环游世界，但也一定要以家为重，结了婚就应该把更多的精力放在培养孩子上，放在关心老公上。我觉得这个对我是很有帮助的。总结一句吧，就是不要太以自我为中心。现在的女性越来越独立了，大家都有自己的生活习惯，都希望在有一个很好的婚姻的同时，还可以有自己的一方天地，不要被自己的小孩儿绊住双脚。但其实结了婚以后会发现，很多东西是要取舍的。怎么取怎么舍，就要考虑对你的家庭会有什么影响，这是很重要的。

郝　靖　听妈妈的话很重要，是吧？

史林子　对对对。

郝　靖　刚才我们在说举案齐眉的故事，说到这个故事呢，会有两种观点。一种观点说，这是夫妻之间的尊重；还有一种观点说，这是明显的男尊女卑，是不对的。那大家都怎么看呢？

李　山　我们现在说夫妻，实际上"妻"在古代怎么解释呢？"妻者，齐也。"妻是谁？妻是跟你地位相等的那个人，必须得尊重。中国古代是男尊女卑，女孩子的很多权利是不被尊重的，比如自主择偶被认为是不符合礼法的。但是一个女人成为妻子，生儿育女之后，她的权力实际上是相当大的，叫重妇权。

但是，男、女在家庭里的作用是不同的。乾坤之道，就是"孤阴不生，独阳不长"（〔明〕程允升《幼学琼林·夫妇》）。两者是包容互补的。就像你一个人老是往前闯，没有一个节制，这生活也不成。家训里边很多都是按照这个原则去规范夫妻生活的。

史林子　所以，其实男主外、女主内还是有一定道理的。因为我觉得从男人的角度来讲，一个男人他要努力地在社会上拼搏，他也需要有一个强大的后盾，这个后盾就是他的家。这个家是安稳的、平静的，不是天天折腾出来很多事，比如什么今天你跟婆婆吵架了，明天丈母娘对女婿又有要求了。如果家里不和谐，男人事业做得再好，他心情也不太会好。现在世界各地，尤其是一些发达国家的人，他们对这个夫妻关系也非常看重，觉得家庭的和谐才是万物之兴。为什么？因为我们的孩子们，他们这些小树都需要我们这些参天大树去罩着他们，所以我们和谐才是最重要的。

郝　靖　我们都知道林子的家庭特别地和谐，现在已经有两个宝宝了，真的让人特别羡慕。你和恩泰相处得这么好，那你们之间相处的方式是怎样的？

史林子　怎么相处也不是一开始我们就约定好的，是经过一番长期的沟通、博弈和观察，才总结出双方都能接受的相处之道。但是我坚持的一个原则是，我不会要我的先生改变，所以恩泰依然是一个喜欢到处行走的人，那我就让他去走。比如我在坐月子的时候，我先生跟我说，他想一个人去法国旅行。我说，我在坐月子，你要一个人去？他说，可是他就是没有办法在一个固定的地方待特别长的时间。但这就是我爱上他之前的他，他就是这样一个他，所以我说，那你就去吧。

郝　靖　对，他可以把他的真实理由告诉你。

史林子　然后回来又跟我说，西班牙有一个展他想去看一下。我想：我月子刚坐完没多久，你怎么又要走了？他说，我在结婚的时候发誓说，只要他想闭关，随时都可以让他去闭关。我说，好吧。所以，我也是遵守我自己在结婚的时候的誓言。我越是这样尊重他，他反而会拿更多的时间来陪家人。所以即使有了宝宝，我觉得，我们还是要维持我们两个人最初喜欢的那个彼此。

郝　靖　就是在婚姻当中不要失去自我，也不要试图改变对方。

史林子　我现在只要不工作，都是带着孩子在家里，基本上没有什么应酬。每天晚上八九点钟睡觉，早上四五点钟起来看书，然后等孩子起床。我先生的那种旅行的方式，跟我们所谓的旅行方式不一样。他想去这个地方，看看这个展览，就是想知道那一幅画到底跟他在书里面看到的一样不一样，所以我是很理解的。我们两个也不存在谁放弃事业多一点。我先生很尊重我，比如我现在也开始恢复工作了，前段时间刚去了洛杉矶出差。我出差的时候，我先生只要有时间，就会陪我去。我觉得这也是我们的一种相处模式，因为我们谈恋爱的时候，我就一直在旅行，他也是我飞到哪他就飞到哪去，我觉得很浪漫。

苏 阳　我听了她的话，我也想结婚。

郝 靖　想结婚，你得找着这样的媳妇，还得找到那样的丈母娘，知道吗？很难的。

苏 阳　我从小看到我父母很恩爱。妈妈在家里做饭，照顾孩子和公婆，爸爸在外面工作，他们之间互相尊重。爸爸有时候会帮忙做饭，或者周末时候带我们去外面吃饭，还会给妈妈送礼物。直到现在他们虽然已经老了，还会去外面看电影、吃饭。我从来没有见过他们吵架。所以，我觉得父母之间相处的态度，给了我很大的影响。我觉得如果我有妻子，肯定会尊重她。

史林子　这些都很重要。现在很多男生会经常给女生买礼物什么的。但是像我先生，他不花钱就做到了。我觉得他有一点特别好，就是他很喜欢写东西。有一次我去出差，他跟我说，你回来的时候我给你写一千首诗。等我回来的时候，家里就多了一个罐子，里面一千张纸条，每张纸条都有一首诗。

我就会特别喜欢这种亲手做的礼物。因为现在很多东西我们都可以买得到。我现在只要在家里，特别是在过传统节日的时候，都会亲手准备一些礼物、食品跟家人分享。

李　山　所以，《史记》里边就讲，婚姻是场命。皇帝尊贵不尊贵？但你也未必有好婚姻。好婚姻难得。所以我们的《诗经》就说"妻子好合，如鼓瑟琴"（《诗经·小雅·棠棣》）。实际上这里有两层含义：一层意思是说，夫妻双方相处得像一首乐曲一样，有低音有高音，不要以为这低音就价值低，不是的，高、低音是互补的、合鸣的，才能演奏出和谐的调子；第二层意思是说，每一个人在对方面前都不要失去自我，求同存异，才能和谐。但是现代人，尤其是在中国，虽然老观念上不同意大家动不动就提离婚，但实际上婚姻是靠感情维系的。所以现代，我们实际上正在婚姻生活中建构新的礼数。就像刚才说的，互相送礼、看电影等等。总之，夫妻之间既要积极地呵护感情，又要和而不同。

郝　靖　还有一个问题就是说，夫妻之间要不要有禁忌？

史林子　当然。比如吵架时说的话是很容易伤人的，但更可怕的是冷暴力——两个人在肢体上、眼神上表示出对彼此的那种讨厌、不理睬，那种花尽心思在想，我该怎么做让你更加难受。我觉得这是夫妻之间最大的忌讳。

郝　靖　所以说相爱容易相处难，特别是夫妻之间没有血缘关系，两个陌生人因为爱情走在一起。但是爱情这个东西，有人说它是化学反应，时间久了两个人就处成了亲人。但是我觉得即使是血缘上的亲人之间，也一定有很多讲究，更何况夫妻呢？比如说不能太不见外了，比如说有些坏习惯还是要注意，你有没有这种感觉？

史林子　对，不能太不见外。比如说男生运动完，你至少要冲洗干净，不然满身汗臭味进入家里，这就是你太不见外了。再比如说，我觉得男士的袜子、女士的内衣裤等等，一定是要自己去保管好。到处都挂着，这是一件很可怕的事情。还有一个就是我跟我先生的柜子是分开的。他有他自己的柜子，我有我自己的柜子。因为我觉得，自己的东西自己保管，要不然因为找不到东西吵架也是很可怕的。

■ 婚姻中要学会和双方的家人相处

郝　靖　说到夫妻相处，有一个问题是绝对回避不了的，也是在我们中国人看来最难处的一种关系，那就是婆媳关系。

李　山　中国的家庭跟西方家庭，一个最大的区别，就是我们有几重关系不好处：婆媳关系、妯娌关系和姑嫂关系。后面两者是由婆媳关系决定的。这个都是过去的事情了。现在都变了。

郝　靖　因为以前在一个大家庭里生活。

李　山　比如《孔雀东南飞》[①]，这篇作品描述的就是典型的婆婆看不上儿媳妇导致的悲剧。你看那里边，刘兰芝到底做错了什么？什么都没做错。就是因为婆婆看不上她，她就得走。实际上大家读这些文艺作品，应该都学以致用，检讨一下。

郝　靖　但是我想现在可能大多数的婆婆还是比较开明的，或者是比较豁达的。林子跟婆婆相处会不会也有一些技巧，或者礼数呢？

史林子　我婆婆年纪比较大，她现在七十了，但每天都要上钢琴课、舞蹈课。就她自己的人生安排地很充实。

郝　靖　对，拥有自己的生活很重要。

史林子　我觉得她有自己的人生，这对我们来说很有帮助。因为她心态很好，很积极，所以她不会要求你这样那样。我妈妈也是这样的人，我妈妈每天都很忙，所以也无暇对我们有什么特别多的要求。我们还曾经带着我的爸爸妈妈、他的妈妈，还有两个姐姐，再加上我们的孩子，十来号人一起出国旅行，你想这是多大的一个旅行团。春节的时候，我们会把两家人聚在一起，特别和谐。其实我觉得我真的是很幸运的。我先生有两个姐姐，她们对我也非常非常好。所以在这个方面我们是完全没有问题的。

跟我婆婆相比，我妈妈反而会对我先生提出很多要求。在

[①]《孔雀东南飞》是中国文学史上第一部长篇叙事诗。作品中人物刻画栩栩如生，不仅塑造了焦仲卿、刘兰芝夫妇心心相印、坚贞不屈的形象，也把焦母的顽固和刘兄的蛮横刻画得入木三分。

这个时候呢，我是站在我先生这边的。我不会在我妈给我提出疑问的第一时间就开始批评我先生，我会告诉我妈，你不能这么做，你这是错的，或者私下告诉她。哪怕是我先生错了，我当面一定也是维护我先生的。所以我妈就觉得，她在我自己的家庭说这些是没有用的，她就不说了，变成私下跟我讨论。这时候，我觉得对的我就吸纳，然后用我的方式跟我先生沟通，但是我不会让他们直接爆发冲突，绝对不会。其实我母亲是一个非常强势的人。从小我家就是妈妈做主，爸爸就比较谦让、包容她，所以他们俩非常相爱。但是我跟我妈妈就不同，我会希望在婚姻当中给我先生更多的尊敬。我不太喜欢让他感觉在家一直被女方管束。所以看起来他在家里像大男子主义，但是我越迁就他、越这样包容他，他就更加退让。所以我觉得从我父母的身上，学到了自己对婚姻的理解和处理方式。

郝　靖　林子说得非常好。的确，夫妻和睦才能让家庭成员幸福，让孩子在充满爱的氛围中快乐成长。夫妻相处，需要用心、精心、细心，即使最亲密的关系，也需要礼数来维护。

感悟

人工智能时代的婚姻

正如李山教授所说，中国社会正处在一个发展变化的过程中，对夫妻如何相处，也会有新的理解。不只是中国，整个世界都在飞速发展，人工智能时代的到来势不可当，那么举案齐眉作为近两千年前的夫妻礼仪，与爱情和婚姻到底有多大关系？新时代的人难免会质疑。

很多人说，婚姻的形态会产生变化，人们把越来越多的时间用于社交网络、虚拟空间，大数据可以帮我们匹配到最佳的婚姻对象，甚至人机相爱也不是不可能，因为人们在社交网络中沉溺的越久，就越有可能爱上虚拟空间里自己内心的投射。可无论人工智能如何迅猛发展，自我完整仍然是每个人绕不开的成长课题，再完美的虚拟世界都只是一个弱联系，我们最终还是离不开人间烟火、家庭琐事。

虚拟世界未必能解构婚姻形态，但其对人的心理需求的高度契合和满足却也让婚姻面临着更大的挑战，婚姻关系的经营也更加重要和必要。婚姻不是两个人关系的结果而是开始，从此王子公主过上了幸福生活是童话世界里的故事，婚姻真正面临的是旷日持久的磨合与博弈，在这种磨合和博弈里我们要学会如何自处和相处。

有人说，最好的婚姻是互相欣赏，彼此成就；有人说，最好的爱情是两个人彼此做个伴，不要束缚，不要缠绕；舒婷说，我要以树的形象和你站在一起，并排而立，对等无碍……我觉得，好的婚姻是两个相爱且相近的人以舒服的方式在一起。婚姻自有它的法则，在爱情里可以撒娇任性，进入婚姻，就得独立、得体、有责任心。很多时候，我们以为爱没了是因为其中一个人变了，其实是因为其中一个人一直不变。

经营婚姻的同时也需经营自己，让婚姻保鲜的方式不是你拼命爱他，而是给他一个优质的爱人；情感的吸引不是你来我往的互相交换，而是你本身值得对方去爱。

得体是非常重要的礼仪，东坡有云："文王教化处，游女俨公卿。"得体是一种向上的力量，不仅会促进夫妻的和谐相处，也会影响孩子的教养和成长。

不要试图改变和控制对方，他首先是他，其次才是你的爱人。

懂得尊重别人，争吵之后，学会主动示好。

…………

我们可以列出很多夫妻相处应持的法则和礼仪，但真正的相处之道，只有每一对夫妻在彼此的相处模式和关系中探索、磨合才能获得。路漫漫其修远兮，并没有什么亘古不变行之有效的真经，我们唯一需要笃信的是只有夫妻和睦，才能让家庭成员幸福，才能让孩子在充满爱的氛围中快乐成长，才能找到并且保护那个真正的自己。

践行手册

看了这一期节目，你有什么感触呢？欢迎写下

页　　码　_____

原文摘录　_____

　　　　　_____

　　　　　_____

应用计划（请联系你最近三个月内的相关经历，写出你打算采取怎样的行动，以及开始的时间、频率、目标、步骤以及监督人）

人淡如菊

RENDANRUJU

人生最好的镜子是朋友的美德，最好的药方是朋友的规劝，顺境时共享阳光，逆境时分担忧愁。人的一生不能没有朋友，交什么样的朋友很重要。《颜氏家训》当中有这样一句："与善人居，如入芝兰之室，久而自芳也；与恶人居，如入鲍鱼之肆，久而自臭也。"这句家训告诉我们的，就是交友的准则。

人淡如菊

人淡如菊，指人的品行、性格就像菊花一样淡泊，平实朴素，不居功自傲。

作家：没钱吃饭了。
朋友：伙计，我随便给你带了点饭。

（作家去山里采风，不小心碰伤了腿。）
作家：没法下山了，谁来救我。
朋友：伙计，我来了。我背你去医院。

（作家的书变成了畅销书，人们争相抢购，索要签名，作家风光无限。朋友收到了作家寄来的书，默默珍藏于书柜。）
作家：苦尽甘来，签售会来了那么多粉丝。
朋友：伙计的书，一定要支持。

访谈

于赓哲　陕西师范大学历史文化学院教授、博士生导师

江小鱼　电影导演、文化评论人

张方舟　北京外国语大学罗马尼亚语专业学生

■ 人淡如菊是一种君子之交

郝　靖　我们今天的主题是朋友，我们的标题是"人淡如菊"。首先我们还是请于赓哲教授给我们介绍一下人淡如菊的典故好吗？

于赓哲　"人淡如菊"这句话出自唐代司空图①的《二十四诗品》。这本书主要讲的是诗歌的二十四种境界，其中的《典雅》篇里面就提到"落花无言，人淡如菊"。意思是君子之间的交往是非常平淡的，不为外界任何因素所左右，友情就是友情，它是纯真的，就像菊花在秋季独自绽放，不与其他的百花去争芳。这里蕴含着道家的美学思想，司空图这个人，可以说把道家的思想贯穿到自己的日常生活中了，别人一谈到死这个话题都觉得忌讳得不得了。他呢，专门给自己造了一座坟，造好之后，还要在坟里开宴会，请人来喝酒。有的朋友，就是他说的那种"人淡如菊"的朋友，就坦然地来了。还有的朋友就不接受，说：太不吉利了，怎么能在坟墓里头开宴会呢？司空图就笑说：人固有

---

① 司空图，晚唐诗人、诗论家。他的诗大多抒发山水隐逸的闲情逸致，内容淡泊，成就主要在诗论方面，《二十四诗品》为不朽之作。晚年的司空图佯装老朽不任事，被放还。唐哀帝被弑，他绝食而死，终年七十二岁。

一死，生与死有多大的区别？这就是道家的一种非常淡然的世界观。

郝　靖　这里想问问小鱼老师，你们家里有没有关于交友方面的家训？

江小鱼　有啊，因为我们是客家人，就是当年从中原迁徙到南方的一支汉族的民系[1]。我们客家人最重要的东西就是祖训和家谱。现在大家常见的那种客家圆土楼[2]，我就在那儿出生的。当时在那个土楼里面有一副对联，我现在还记忆犹新，写的是："自古人品恭能寿，从来文章正乃奇"。这个说的不只是写文章的事，同时也是说交朋友。就是自古以来，人品恭谦、恭卑，就能长寿，有正气的文章才是奇的、珍贵的文章。所以交朋友呢，第一要恭，第二要正，这是我们客家家训里面关于交友的非常重要的两个关键词。

郝　靖　这就是您从小耳濡目染的家训。说到品质，中国人喜欢用植物来比喻人的品质，比如说梅、兰、竹、菊，就叫作"四君子"[3]，是吧？

---

[1] 民系为中国特有词语，指一个民族或族群内部的分支。每个民系分支内部有共同或同类的方言、文化、风俗，并互相认同。

[2] 福建土楼，大多数为福建客家人所建，产生于宋元时期，百人同住一楼，反映客家人聚族而居、和睦相处的家族传统。因此，一部土楼史便是一部家族史，土楼的子孙往往无须族谱便能侃侃道出家族的源流。

[3] 明代黄凤池辑有《梅竹兰菊四谱》，从此，梅、兰、竹、菊被称为"四君子"。画家用"四君子"来标榜君子的清高品德，分别代表傲、幽、坚、淡。中国人在一花一草、一石一木中负载了自己的一片真情，从而使花木草石成为人格的象征和隐喻。

于赓哲　您刚才说到的这四种植物，梅、兰、竹、菊，又被称为"岁寒四友"。中国人喜欢的花不仅要漂亮，不仅要香，关键它还要有风骨。

江小鱼　梅、兰、竹各有隐喻。你看梅，它耐寒，经得住风霜，更多的时候代表的是人品；兰，代表的是一种情操，君子之花；像竹呢，它代表的是气节，就是劲节。这三种植物其实更多是自我内在修养的外部呈现。菊是芳香淡淡，它表示朋友之间相处的一种状态。而且菊花还有个特点，就是秋风一来，很多花都凋谢了，此时菊花却迎风傲立。而真正的友情必须得能经得住外部条件的考验，必须得能坚守住一些基本原则，这是友情的真谛。所以司空图等人就用菊来形容友情，我想这个不是偶然的。

■什么样的朋友值得交

郝　靖　孔子说有三种朋友值得交，友直、友谅、友多闻。我们先说说"友直"好不好？

于赓哲　"直友"，就是我们平常说的诤友，他能匡正你的过失，他是你的一面镜子。比如西汉时期有一个叫何武[①]的人，

[①] 何武，西汉大臣，为人仁慈厚道，喜欢引荐士人，劝勉、赞许别人的长处。何武的人品、学识受到社会的普遍认同和广泛称赞，甚至把他作为学习的楷模。

为人很耿直，为官也很正直。另外有一个叫戴圣[1]的人，这个人是名望很高的礼学大家，也是个大臣，但他居功自傲，时不时做出一些逾越法纪的事情。何武总是指摘戴圣的各种过失，所以戴圣觉得不胜其烦，反过来就经常诋毁何武。

后来有一次，戴圣的儿子犯法，这个案子恰好归了何武管。戴圣心想何武肯定会挟私报复，把他儿子置于死地。结果没想到，人家何武处理这个事，完全是按照法律来办的，根本没有挟私报复。由此，戴圣就感觉到自己以前做得太过分了。结果两个人反倒成了朋友，友情还越来越稳固。

郝 靖　这就是友直，特别真诚。

于赓哲　这是真正的直友。

郝 靖　那我想问小鱼老师两个问题：第一，您是不是别人眼中的直友？第二，您有没有直友？

江小鱼　我觉得如果朋友之间，连一点真心话都不讲，那还叫朋友吗？我在报社跑音乐的时候，在全国十几家媒体都有乐评专栏。当时很多著名的歌手、音乐人的专辑出来之后，都让我写乐评。我就是完全根据自己的喜好，好的我就说好，差呢我就说差。我写完发表之后，会打电话给对方，说我今天刚发了一篇对你的专辑的批评，你看看我这文章。有的吧，就特别生气，我说你别生气，你先看看为什

---

[1] 戴圣，西汉时期官员、学者、礼学家。但作为礼学的代表人物，他居功自傲，不拘礼节。前任刺史对戴圣的不轨行为视而不见，戴圣也就习惯成自然，愈演愈烈。

么我说你这个唱片有问题。有的人就会反省,再有新的音乐还会让我去听。通过这个方式,其实就把一些假朋友给剔掉了,然后换来了更多的好朋友。我再举个例子,在20世纪末的时候,中国99%的歌手,在公开场合演出都是假唱。当时我就跟我最好的朋友崔健搞了一个运动,叫"真唱运动"。结果我俩得罪了很多人。但我们两个特别高兴,因为我们通过这件事,知道了谁是我们的好朋友,谁是我们的假朋友。

当然有很多朋友,开头也很生气,说我们俩吃饱了没事干,搞什么真唱运动,搞得很多人没饭吃。但是我们告诉他,因为假唱,有更多的杰出的歌手没有饭碗了,这些"假冒伪劣"占领了我们的各种舞台。我们通过这个运动可以让一些真正优秀的人能够站到舞台上。

其实朋友不在于数量,而在于质量。我觉得只有灵魂跟灵魂相遇,才是真正的朋友,其他的那些都叫熟人。我最喜欢的是两种人,一种是朋友,一种是敌人,高级的敌人会让你的生命质量更高。我最讨厌那种不痛不痒的熟人,特别无聊,浪费我们的时间。

郝　靖　看来小鱼老师是典型的直友,而且他很智慧地把他的友直作为鉴别朋友、筛选朋友的一个方式。

张方舟　我觉得从两位老师身上学到了很多,就是能说真话的才能算作朋友。友直呢,我觉得"直"这个字,加上两个点就是"真"了,这两个点一个可以代表优点,一个可以代表缺点。对于我来说,如果要交朋友的话,他一定既能看到我

郝　靖	的优点，还要能指出我的缺点。如果我做了什么错事，他一定要告诉我，他告诉我之后我才能去改。
郝　靖	说到这儿，我想到前两天刷屏朋友圈的路遥多年前写给朋友的一段话，它的内容是这样的："我不知道你现在有什么打算没有，我希望你能努力争取做出点事业来。除过该交的朋友，少交往，少结识，埋头读点书，写点东西，归根结底，人活一辈子，最重要的还不是吃好、穿好、逛好，而应该以将辉煌的成绩留在历史上为荣。"
张方舟	他没有说那些嘘寒问暖的话，说得非常真诚，也非常直白。我也希望有这样的朋友。因为有人跟你讲一些不痛不痒的话，就像是摸摸后背去安慰你，但是如果讲真诚的掏心窝子的话，可能听起来并不动听，但是它就像一个拳头直击在你的胸口上，让你记得有这样一个朋友，他会提醒我，今后要去努力。
于赓哲	我觉得每个人一生当中，都应该有这样的一个朋友。他说出的话可能初听起来让你不舒服，但是想过之后，又觉得舒服了。汉代的《白虎通》①里有句话，叫"士有诤友，则身不离于令名"，就说如果一生有一个诤友，让你不至于走歪路、邪路，你这个人将一生有令名。"令"就是好的意思，你将有一个好名声。就像路遥最后所说的，要留一个

---

① 汉建初四年（79年），朝廷组织了一次全国性的经学讨论会，由皇帝亲自主持，会议记录由班固整理编辑成《白虎通德论》，简称《白虎通》。后作为官方钦定的经典刊布于世，是当时上自天子、下迄儒生之学术共识。

名声在这个历史上,他自己已经做到了。

江小鱼 这个字条你们看它像什么?特别像我们在医院里看病,医生给开的处方。

郝　靖 这比喻恰当。

江小鱼 所以我觉得路遥的这一个纸条,就是他交友的处方。我个人觉得,聊事儿、交朋友最好的方式就是医患之间的交流方式。你看那病人一进去,捂着肚子,医生不会跟你夸,哎呀这个主持人,你头发多好看哪,你眼睛也好看,耳朵也好看……再向病人询问是不是这个口腔有点问题,他不会。

郝　靖 好,我们说了友直,也都希望做一个"直"的人。那么还有一个就是友谅,"友谅"指的是跟诚实的人做朋友。小鱼老师,你跟朋友之间有没有说过谎话,或者说有没有被朋友骗过?

江小鱼　我自己是这么想，有时候我们自己也有因为特别忙，答应了别人却做不到的事。如果不是主观上故意撒谎、欺骗或者给你做一局、挖一坑，我犯了错，我坦荡地告诉你，那么我觉得朋友之间的问题都是可以原谅的。毕竟没有一个人是可以永远不说谎，永远不失信的。有一句俗话说得好，"水至清则无鱼，人至察则无徒"。其实我觉得朋友之间恰恰是因为真实而宽容。比如我有好多朋友，有数不清的毛病，你可能对他又爱又恨，他耽误了你很多事，但是最后他可能就跟你笑一下，哎哟，谁让我们是哥们儿呢……其实大家身上都有点儿毛病，这种彼此的交融，我觉得也是一种友谊的魅力。

于赓哲　我觉得友情和诚信之间几乎可以画等号，《礼记》郑玄注里边说"同门曰朋，同志曰友"①，这是两个不同的境界。什么叫"朋"？"朋"很简单，朋党也是朋，朋就是同门，只要我们是一个阵线里边的，这就是朋了。你比如说拔河，古代说拔河两边的人叫作"两朋"。那你拔河的时候谈得上什么友情，谈不上，大家只是临时站到一起。可是什么叫作"友"呢？同志曰友，必须要志同道合。所以，什么叫朋友？第一，咱们俩心气相通；第二，彼此要坦诚，就是诚信。

张方舟　我觉得交友诚信这个事情，如果我自己把它量化一下，我会

---

① "同门"，同一个老师门下学习的人，所以"朋"就是同学。"同志"，志趣相投的人，所以"友"就是朋友。

把它排在我原则的前几位，因为这个已经不只是交朋友的事情，它已经牵扯到这个人的品行问题了。

郝　靖　我觉得不管怎么样，我们交朋友，诚信是重要的原则之一。还有一条就是"友多闻"。在交朋友的时候，我们希望能够交到见多识广的朋友，这点三位怎么理解啊？

江小鱼　就是你跟朋友有共同语言，或者有互补的地方。我可能六十分，我跟你加在一块儿变成一百分，你提升了我，我也丰富了你的生命。朋友之间一定是相互影响，共同成长的。我觉得朋友的最高境界就是亦师亦友。

张方舟　对，像我们大学生现在还处在价值观的形成阶段，所以就很希望有见多识广的朋友来跟我们一起拓宽视野。但是一开始并不是因为要提升眼界才跟你做朋友，而是在交往的过程中，大家不断了解，掏心窝子讲话，你有什么样的经历而我没有，然后我们彼此分享。就像我之前听过的一句话：如果我有一个苹果，你有一个苹果，咱俩换一下，一人还是有一个苹果。但是如果我有一个想法，你有一个想法，大家换一下，我们每个人就有两个想法。

郝　靖　对，所以说"友多闻"而且愿意分享，在朋友间的相处当中，也是很重要的。

于赓哲　是，而且我觉得"友多闻"这三字要放到孔子当时的历史环境里去理解。因为那个时代，识字的人在总人口当中并不多，而在孔子之前，国家甚至连私学都没有，只有官学。那个年代能有一个见多识广的人，说明什么？第一，这个人有文化；第二，这个人有能力、有资本到处去走走看看。所以说这个人一定是个高层次的朋友。你要学习他，"取法乎上，仅得乎中"，他就是那个"上"啊，你跟着他走，达不到上，起码我们能到中吧。所以我觉得，有时候不妨交一个让你偶尔会感到自惭形秽的朋友。这样的一个人，你在他面前会感到有压力，但是他会带着你往好的那个方面去发展，这就是所谓的"近朱者赤"。

郝　靖　把压力变成动力。

朋友之间要有距离感

郝　靖　"人淡如菊"的确是交友的一种理想境界。我在一篇文章里看过陈道明的交友观，他说交朋友还得有点距离，比如有朋友给他说个人的私密事的时候，他就会说你打住，别跟我说这么多。

江小鱼　对，就像种水稻。一株水稻和另外一株水稻之间要有间距，否则一亩田里种了很多水稻，但其实最后谁也得不到什么营养。朋友彼此之间没有界限感的话，一定是交不长的。因为人与人之间存在一个适当的距离，不能太远，也不能太近，这是相处的智慧。这种智慧是靠你的知识、知觉以及人生阅历来增长的。

郝　靖　所以真正的朋友，你的存在对我来说就是很愉悦的事情，但是不要天天厮混在一起。

于赓哲　朋友之间是需要有些距离的，夫妻之间都需要保留自己的一点小空间，更不要说是朋友了。没有界限感的人，一般做事也缺乏分寸感。

郝　靖　方舟，你怎么看朋友之间的界限感。

张方舟　距离产生美嘛。就是初中和高中的时候，很多女生特别喜欢一起去吃饭，一起上厕所，什么事儿都一起做。

郝　靖　而且有什么小秘密，我喜欢哪个男孩儿了，马上告诉你，什么事都毫无保留。

张方舟　对，但现在上了大学之后，因为每个人都开始有了自己的打算或者生活，反而不会有那么亲密的关系，就会保持一定的距离。如果距离保持得好，可能会看到对方更多的优点，比较容易求同存异。如果两个人靠太近的话，就是又能看到优点，又能看到缺点，我觉得可能会容易挑剔对方。

郝　靖　对，所以说朋友之间，建议还是要有距离感的。而且我觉得真正的朋友之间，距离不会成为问题。我有这样的朋友，我们可以很多年都不联系，逢年过节都不打一个电话，也不发那种复制群发的信息、祝福。我觉得因为那会儿她会收到很多信息，我不想去麻烦她，不想给她添累赘，但是只要她站在我面前，或者给我打一个电话，我们依然是很亲近的。你们有这样的朋友吗？

江小鱼　其实我觉得最好的朋友就是，你不是给别人添负担的，而是在一起就像菊花一样，淡淡的，相逢一笑，感觉好像昨天刚见过一样。我有好多那种小时候一块儿穿开裆裤的朋友，四十以后再见面，我觉得还是跟小时候一样。

于赓哲　明代李贽写过有关张千载的文章。张千载是文天祥的好朋友，我觉他们之间就是君子之交。文天祥当年春风得意的时候，张千载躲得远远的，根本不参与他的任何事，也不在他那儿要任何好处。后来文天祥抗击元军的武装斗争失败了，被俘，流亡北方。酒肉朋友早已经散了，张千载却在这个时候出现了。这就是真朋友。然后张千载在文天祥的监狱附近一住就是三年，用自己的私财来给他改善伙食，添加衣服、被褥这些，关照着他。等到文天祥就义之后，他给文天祥收尸。他这样做给自己捞着什么好处了？一点好处都没有。为什么？就因为他们是朋友。

郝　靖　这才是真朋友。

于赓哲　是真朋友，而且我认的是你这个人的为人。

郝　靖　当你有权力的时候，我远离你；当你有困难的时候，我去帮助你。

于赓哲　对，纪晓岚[①]家训里关于交友也曾经说过，交友贵在什么呢，就是这个人在你有难的时候，他可以及时出现，而且他可以跟你通商。这个"通商"不是指做生意，而是说他能跟你商量，能给你提携，给你出主意。他说最不可交的人是什么人呢，就是酒肉朋友。我注意到一个现象，我们经常在网络上看到朋友之间反目，大打出手，就是他们结

---

① 纪晓岚，清代名臣，官至礼部尚书，名满天下。他提出的"四戒四宜"家训，尤其有教育意义。包含勤学、清廉、处世等多个方面，以此教导纪氏后人，遵从规矩做人、勤勉治学、清廉为官、淡泊自持的准则。

交本身因为一个字："利"。所以这种人根本就不可交，不是真正的朋友。

郝　靖　我们把友情比作菊花，远可观，近可闻，形态永远不失优雅。菊花的味道从来不刺鼻，但是它淡淡的味道，又让人感觉像点到为止。这也许就是"人淡如菊"的境界吧，希望我们每个人都能成为朋友眼中的淡菊。

扫码观看本期节目视频

感悟

最好的朋友

著名作家张爱玲有一个特别有名的闺蜜叫炎樱。为什么有名？因为张爱玲总在作品里写到她。像女生们都会上演的那种亲密无间的闺蜜情谊：炎樱帮她的画涂色；她们一起聊杂志、口红，选衣服、围巾；张爱玲结婚，炎樱是证婚人……可就是这样"最好的朋友"，最后却渐行渐远，甚至老死不相往来。说到这里，我突然想到一个词：情深不寿。有时候，朋友之间的感情因生活牵绊太深，反而无法长久。可是年轻的时候，我们总是不信。

　　"人淡如菊"这四个字，要真正理解，须要到一定的时候。少年时代，我们总是把友谊看得很重，重到一提起来就是永远。多少年后，你可能忘了当年为了一个好朋友闹着换班转学，忘了为了成为对方的最佳好友心生嫉妒，因为那个你曾经用尽全力想要抓住的朋友可能早已从你的生活中淡出了。每个人只能陪我们走一程，也许在那一程里，她非常重要。可是随着成长，彼此没有了共同语言，价值观和世界观不再一致，陷入无法交流和理解的境地，只能相顾无言，渐行渐远。又或者像是突然找到另一个出口，朋友就从你的生活里隐遁不见。告别是一节成长必修课，最好的朋友，是在一起的时候互相珍惜，该告别的时候，真诚目送。

　　人的一生中会遇到很多人，认识很多人，可是被时间和空间沉淀下来的能有几个呢。菊花能迎风傲立，独自绽放，我们却需要很多的朋友来丰富自己的人生，甚至建构生活的意义。于是很多人忙碌而盲目地奔波于朋友圈中，觥筹交错，长袖善舞，微信里有上千好友，真正深入交流的却寥寥无几。实际上，我们的很多交往活动都是无效社交，是混圈子。在这场狂欢里，只有独立而不攀附的人才能守住自我，遇见真正的朋友。

好的朋友就像一本开卷有益的书，抑或是迷茫时一个指路的人，能变成一种营养。以前觉得跟比自己优秀的人做朋友是不是有些功利，后来发现，选择一个优秀的朋友可能改变你的生活轨迹。他可能并未带给你什么实在的好处或者利益，却能潜移默化地影响你、改变你。周围朋友的高度决定了你的高度，一个有趣的灵魂也会让你的灵魂变得有趣。有些人，只是站在一起，听他说话也会觉得快乐。而这，不正是朋友最好的样子吗？

最好的朋友，是彼此珍视、彼此善待，接纳、包容，不过度热情，不攀附名利，不强求、不干涉，让大家都回归情感的本真，恢复生活的原味，如菊花般质朴绚烂，而有淡雅且隽永的芬芳。

践行手册

看了这一期节目，你有什么感触呢？欢迎写下

页　　码

原文摘录

应用计划（请联系你最近三个月内的相关经历，写出你打算采取怎样的行动，以及开始的时间、频率、目标、步骤以及监督人）

提升美育

TISHENG MEIYU

自古，中国人就非常重视美育，《颜氏家训》当中有这样一句："至于陶冶性灵，从容讽谏。入其滋味，亦乐事也。"生活中并不缺少美，只是缺少发现美的眼睛。我们的生活是丰富多彩的，只有发现美、感受美、创造美，生活才会更加丰润有趣。

提升美育

美育，也称美感教育或审美教育，是指培养学生认识美、爱好美和创造美的能力的教育，是发展全面教育不可缺少的组成部分。

女：你看到蒙娜丽莎嘴角的微笑上有阳光了吗？好美！
男：没有，我只看到一个女人。

女：你快看，这些石狮子形态都不一样呢。大英雄！
男（一脸茫然）：英雄，英雄在哪儿呢？

女：分手！

访谈

魏书雅
北京外国语大学保加利亚语专业学生

赵楚纶
青年演员,代表作《何以笙箫默》《扶摇》

毛佩琦
中国人民大学历史系教授、博士生导师

■ 美育的目的不是获得技艺而是提升整体素养

郝　靖　我们今天的家训主题是提升美育。我想问问，楚纶是怎么理解提升美育这句话的？

赵楚纶　我觉得从广泛意义上来讲，提升美育就是树立正确的审美观念，养成健康的审美情趣，不断提升自我修养，最终形成高尚的人生态度，做一个对社会有价值的人。这是我的理解。

郝　靖　那你们家里有提升美育这方面的家训吗？

赵楚纶　我的家教比较严，在礼节、仪表、言行等方面，父母对我的要求都很高，就是要得体。我想这也算是某种程度上的美育吧，但我在接受这方面教育的时候，并不懂这就是美育。

郝　靖　对。那么毛老师，您是怎么理解提升美育这个概念的呢？

毛佩琦　我们想提升美育，就要弄清楚它的概念。我们先说什么是美。其实美有很多种定义，美学家到现在也没有个定论。我理解的美是什么呢？人对客观事物的一种理想信念就是美。比如山水、月亮，都很好看，因为它们符合你的想法。再比如，一幅画你感到很美，它可能画得跟真的一样，或者真的很艺术，它是一种理想境界。

郝　靖　所以您善于从各个角度来发现美。

毛佩琦　对，是发现美。就是你的理想在客观现实中实现了，这种客观现实可能是自然存在的，也可能是人为创造的。而这两种美，又不能够简单地被归入哪一个艺术门类。比如，音乐有美，美术有美，戏剧有美，舞蹈有美。但是我们提出美学教育或者素质教育，是不是就只是这些东西呢？我觉得是不全面的，因为语文首先是素质教育，数学也是素质教育。不是说学点技艺就是美育，美育应该是提升人的品格，是培养人追求完善的精神。可能有人会说：没有什么用啊，你学了美，那也不能当饭吃，也不能帮助你找工作。实际上，如果你在生活当中养成了一种审美的习惯，养成了一种不完美不罢休的习惯，它就会影响到你人生的各个方面。不仅是人格的提升，还能让你的工作和生活达到更高的层次。所以，我觉得美是多方面的。

郝　靖　对，美是多方面的。我们需要的是发现、感知多方面美的能力。就像前面的漫画里，有人可以发现美，有人就发现不了美。毛老师可以帮我们解读一下吗？

毛佩琦　其实美是随时随地的。你案头上的书怎么摆，你的笔墨纸砚怎么放，是乱七八糟，还是非常整齐？包括我们待人接物，语言、行为，比如站姿、坐姿，都是包含美的。只要我们留心，就能意识到这里面是有美的，以及什么样的是美的。

郝　靖　是的，我觉得发现美、感受美、创造美，首先得有一颗懂得美的心。那么艺术的学习恐怕就很有必要了。所以现在很多家长，都非常愿意培养孩子的审美能力，一般会从培养孩子的兴趣入手。我想问问楚纶，你小时候爸爸妈妈是不是给你报过很多兴趣班？

赵楚纶 是的，我比较系统地学习了游泳、小提琴、舞蹈，上了大学之后又学了高尔夫球、滑雪。

郝　靖 学了这么多，你觉得自己有提升吗？

赵楚纶 有啊，首先你和朋友坐在一起的时候，话题就多了很多。其次，就是提升自己对一些事物的认识。比如，没接触高尔夫的时候，看比赛我都不知道选手在干什么。现在，我有鉴赏高尔夫的能力了，而且我会把这些运动，包括平时看书，当作一个静心的方式。心思很乱的时候，我要么就去运动出出汗，要么就写写字、看看书。

郝　靖 那我想再问问，九〇后的小朋友——书雅，你小时候学过什么艺术特长吗？有没有参加过什么兴趣班？

魏书雅 我还真没学过。我们家里秉承的理念是你想学就学，如果不想学，也不会逼你去。但是上了大学，我发现即使小时候没有学过钢琴或者其他音乐方面的技能，你去听古典音乐，也能培养自己对美的感受。

郝　靖 我想可能很多父母对孩子各种兴趣的培养，并不是说一定要让他学个什么谋生技能，就是想提高孩子的审美情趣，那这个是不是跟孔子所提的"六艺"①，有异曲同工之妙呢？

毛佩琦 孔子所说的"六艺"是"礼、乐、射、御、书、数"。礼是

---

① 六艺即礼、乐、射、御、书、数，是中国古代教育中要求学生掌握的六种技能，最早见于《周礼·保氏》。

礼节、礼仪，乐是音乐，射是射箭，御是驾马车，书是写字，数是算术。直观上看，跟美有关的是音乐、书法。但是广泛地说，礼节不是美好的心灵和仪式吗？驾车不是一种要求纯熟和完美的技术吗？算术不要求准确吗？这都是美。所以美是无所不在的，不能简单地说是一门技艺，或者一门艺术，它体现在各个方面。美可以提升人的感觉力量和艺术感知力。可能你觉得打高尔夫球的动作看起来非常优美，但是真正的优美是什么？是以最准确的、最少的杆打进去。有了这种精神，在工作中，你也会用最简洁、最完美的方式来完成工作，实际上高尔夫在潜移默化地影响着你。

赵楚纶　对！

郝　靖　您的意思就是说，古人强调"六艺"的培养，是为了提升个人整体素质。

毛佩琦　对。其实"美育"这个词，出现得比较晚，大概是在民国的时候，大教育家蔡元培[1]先生提出来的。他当时提出一个口号："以美育代宗教"。意思是与其信宗教，还不如去培养精神道德和审美能力。当然，蔡元培先生不是反对宗教，实际上他是强调美在人的灵魂当中非常重要，在个人的修养当中非常重要。我们知道，有一个培养学生的方向是"德、智、体、美、劳"全面发展，最初就只有"德、

---

[1] 蔡元培，革命家，教育家，政治家，1916年至1927年任北京大学校长，他的教育模式新颖，提倡美育、健康教育、人格教育等新的教育观念。

智、体"三门。五四时期,蔡元培先生提出"以美育代宗教"的时候,美育才正式成为洋学堂的一种课程,包括图画、唱歌等等。我们很多人喜欢的丰子恺①就是传播、启蒙中国美育的积极践行者。还有他的老师李叔同②,大家都听过他的《送别》——"长亭外,古道边,芳草碧连天",这是当时的"学堂乐歌"。那时候中国还没有当代作曲技术,就把外国的曲调填上中文词,创作了大量的学堂乐歌。这些东西就是最早的美育。现在提升美育已经成为大家的普遍意识,爸爸妈妈们都非常重视。孩子以后不一定以它为职业,但有美育的修养和没有美育的修养是不一样的。过去有一个说法叫作"文野之分"。文化艺术也有文雅和粗野、高雅和通俗之分。你如果具备审美的眼光和很多艺术技能,精神气质一看就不一样。精神气质是怎么样形成的?什么是精神气质?说它哪儿好呢?说不出来,它是一种灵魂的外露。

郝 靖　所以,我们在古代家训当中看到很多大家族都在告诫自己的子孙,一定要学习琴棋书画,要注重对艺术修养的培养。

毛佩琦　是。古代的读书人,除了知识,还要掌握很多技艺,比如弹琴、画画、写字。曾国藩给他的孩子写信,叮嘱说你要把字写好了,这是千里之外你还能露脸的机会。

---

① 丰子恺,中国现代画家、教育家。原本喜欢数理化,因为听了李叔同的课,才渐渐喜欢上绘画和音乐。
② 李叔同,著名音乐家、美术教育家,担任过教师,后剃度为僧,被尊称为弘一法师。

郝　靖　　对，字也能代表个人形象。

毛佩琦　　对，别人一看你写出来的字完全不像样子，就会怀疑你这个人有没有文化呀，有没有受教育呀。当然现在很多人不太重视这个了。

郝　靖　　因为现在都用电脑打字，很少写字了。

毛佩琦　　但是我觉得，虽然很忙，有时间也应该把字练一练。中国人认为龙飞凤舞很好，当然这也是一种审美，可是如果是张牙舞爪，那就是另一个意思了。忙和用电脑都不是写不好字的借口，不重视才是原因。

郝　靖　　没错。所以说对美的追求，不仅可以提升一个人的外在气质，还可以提升内在的修养。我听说楚纶还学过芭蕾？

赵楚纶　　是的。我从六岁开始，学了有十年吧，在专业的院校学习。

郝　靖　　那你觉得芭蕾给你带来了什么呢？

赵楚纶　　我很感激有这么一段经历。我是那种比较乖的学生，也不敢去偷懒。跳舞的时候，老师说把腿控在这儿，我就会一直坚持。时间长了，个人能力就提高了。这也让我明白，无论做什么，首先要付出。所以我在工作、生活方面，从来不吝啬自己的付出。另一个收获是让我特别有韧劲，让我懂得学习不是一朝一夕就能看到效果的，可能要在几年之后才能有成绩。这个观念对我现在的生活节奏或者说生活状态，是一个强有力的支撑。

毛佩琦　　楚纶所说的，实际上可以概括为一句话："美是需要付出的，不是轻易可以得到的。"画画、唱歌、跳舞，如果只是玩，没有刻苦努力，做不到规定动作，是不能得到美的。比如拉小提琴，一个十六分音符的节奏很快，你卡在这里过不去，得练很多遍。如果练得很烦了，不拉了，那这曲子永远拉不好。这种心态也会影响到你做其他工作——这工作很难，这个地方我要投机取巧一下，或者我就不做了。所以追求美，能锻造人的意志，锻造人不完善不罢休的品格，会影响到人的各个方面。

赵楚纶 对，我觉得就是意志的培养。

郝　靖 毛老师这句话说得特别好。就是学习艺术的过程，培养了我们坚强的意志，这种意志会让我们在以后的工作和生活中受益无穷。学了这么多年的芭蕾，我觉得对楚纶还有一个好处，就是身材比一般人要好得多。楚纶的父母不是做艺术工作的吧？那他们对你在艺术方面进行培养，只是希望你能成为一个多才多艺的人吗？

赵楚纶 也不是。我觉得是因为我父亲比较好学，但他小时候不像我们现在，有这么优越的条件，可以接触很多东西。所以我父亲会让我选择，他不会强迫我去做任何事，但也不想我长大之后有遗憾。

郝　靖 楚纶在考中戏的时候是当年表演系的状元，对吗？你觉得你最出彩、拿分的是什么表演？

赵楚纶 最出彩的，我觉得是舞蹈和自信的状态吧。

郝　靖 所以说，美育的目的不是获得技艺，而是提升整体素养。

■ 生活中处处有美，
能不能发现取决于个人修养的高低

毛佩琦 美的修养是多方面的。比如说现在每个人都有手机，都会拍照。为什么同一道风景，不同的人拍出来的照片是不一样的呢？就是有人发现了美，有的人没有。这个发现的能力是怎么来的呢？他可能会绘画，可能看戏剧、舞蹈，甚至看个盆景、橱窗什么的，都会锻炼他对美的欣赏能力。所以他在拿起镜头的时候，看到的、捕捉到的就跟别人不一样。生活中处处有美，能不能发现取决于个人修养的高低。

郝　靖 我记得马云曾经说过这么一句话，大意是，以前学艺术不能讨生活，但是以后如果孩子们不学琴棋书画，肯定会找不到工作。此言一出，激起千层浪，大家怎么看？

魏书雅 我觉得，马云说这个有他自己的感悟。因为他父亲就是从事这方面工作的——他父亲是浙江省曲艺家协会第四届和第五届的主席。他在这样一个环境里长大，从小会受到很多艺术方面的熏陶，这对于他自身的品格，对于他的艺术审美的养成是很有帮助的。从我的角度来说，我觉得从小就接触艺术的孩子，看世界也会和别人不一样，这是其他任何东西都没有办法代替的。

郝　靖　对。我觉得马云还有一个意思是说现在人工智能迅速发展，以后会应用到越来越多的领域，三十年后可能很多工作都被人工智能取代了，比如说银行职员、律师等，但是机器人不懂艺术，它没有这种审美的能力，这是人类特有的。

赵楚纶　对的，它没有思想。

毛佩琦　每个人的思想都是独一无二的，所以人类创造的每一件艺术品都是不一样的，但是机器所执行的都是统一的指令。比如说设计一件西服，这里边有技术含量和艺术含量，这是机器人无法代替的。

郝　靖　说到这里，我想到"工匠精神"了。您说工匠精神里有没有包含美育的东西呢？

毛佩琦　当然了，工匠精神，本质上就是精益求精、追求完美。比如做一个瓷器，我一定要把它的色彩做到什么程度，让它光洁到什么程度，做什么样的造型……那是一个无止境的追求。所以工匠精神就是创造美的精神。而且，美不仅和工匠精神相通，和科学精神也是相通的。为什么呢？因为美的最高境界和科学的最高境界是一致的。比如二十多年前，杨振宁和吴冠中共同发起的一个展览："科学和美"。其实任何人类的精神财富，做到极致的时候，都是一体。所以我们要把美从最基本的，我们身边能够习见的，唱歌、绘画、家具、服装……上升到最高的精神层面。其实在学习美的时候，就会影响到精神，包括工匠精神、科学精神。所以美育是不可缺少的，这是人和动物的最大的差别。

郝　靖　也是人和机器的最大差别。其实美存在于我们的生活当中，存在于我们的生命当中，会让我们的人生更加丰润、更加多彩，有更多的愉悦感。看见美的东西一定是心情很舒畅的，但是你得先知道它是美的，能发现到它的美。这是最重要的。就像毛老师说的，提升我们内心的修养和境界，才能看到更多的美。

我记得朱光潜先生曾用一棵古树来举例子。他说植物学家说这棵古树美，是说这棵古树的生命力顽强，很美，这是科学的美。那么美术家、画家，看到这棵古树也觉得很美，是觉得这棵古树的形态很奇特，很美。这棵古树有不同的美，是源于欣赏者从不同的角度来发现这种美。

赵楚纶　我觉得，这样去诠释美的话，美真的在我们的生活当中是无处不在的，包括努力坚持这种精神力量，都可以被看作是一种美的体现。

郝　靖　对。那从小父母对你的艺术培养，给你日后的工作了带来很多影响吧？你觉得你跟同龄人，或者是从事同样工作的艺人相比，练舞蹈这么多年，有这个童子功，你的优势在哪？

赵楚纶　我觉得还是有不一样的地方。从外在上来讲，比如我刚刚拍完的电视剧《扶摇》，里面有很多要求飞起来的动作戏，学过舞蹈的人，四肢是特别协调的，武术指导教一遍动作，我很快就学会了，打出来还很漂亮。那内在的益处呢，是我不怕重复，所以我在拍戏的时候，这遍觉得不好，导演说"卡"，再来一遍，我会乐意接受，不会有任何消极的情绪，我只会想把戏拍好。

毛佩琦　但这些都是潜移默化的，不是说你在学舞蹈的时候，就想着今后会去拍戏。美育潜移默化给你的这些东西，在改变、指引你的人生道路。所以我觉得美育就像基础科学一样，不需要问这个东西有用还是没有用。

郝　靖　锻造了意志，同时也提升了自身的修养，所以说，美育是多么重要，大家都应该好好提升一下自己的美育了。

其实美育不仅仅是指艺术特长，或是琴棋书画，美育的概念还很广，包括发现美的眼睛，包括一颗美的心灵，等等。我想听听书雅的感受。

魏书雅　我觉得生活中的美是无处不在的，只要你肯发现，勤于发现，它其实就在身边。举些简单的例子：幼儿园的时候，听到"我在马路边，捡到一分钱，把他交到警察叔叔手里面"，就感觉警察叔叔这个形象很伟大；后来听到《咱们工人有力量》，就觉得劳动很美；再后来看到一部很火的动画片《宝莲灯》，它是讲沉香救母，主题曲也是以歌颂爱为主题，就觉得爱很美。我觉得，这个故事和这些歌都很美，其实美就在我们的生活中。

郝　靖　对，总之就是生活中不能没有美。就像一首歌，或者一部电影，让我们有美的感受之后，会觉得生活都丰富多彩了。楚纶作为艺人，在挑选作品的时候，是不是也会有所选择，希望把更美的东西带给观众呢？

赵楚纶　我会。因为现在整个社会都在提倡正能量，所以我除了在工作上对角色有一些选择外，更希望借助我们这种被大家关注的身份去做一些推广——既然老天爷给了我这碗饭吃，就要利用起来，去为一些一般人可能关注不到的儿童，或者是需要我们帮助的人做一些事情。我已经连续几年，在拍戏间隙或者休息的时候，去做一个关注自闭症儿童的公益项目。我也呼吁现场和电视机前的朋友们可以多多去关注那些需要我们帮助和关爱的人。

郝　靖　这也是一种美。再比如，我们的运动员在奥运会上拿了金牌，五星红旗冉冉升起的时候，每个人都会觉得很激动，很美。

赵楚纶　对。奥运会开幕式的时候我在现场看，当我们的文房四宝被搬到舞台上的时候，全场人爆发出最热烈的掌声，当时真的觉得，身为一个中国人特别自豪。还有就是五星红旗在场馆里升起的那一刻，我特别有站起来大喊的冲动，我好像从来没有这么想去表达自己有多爱国，但是那一刻，我是想的。然后我就发现，我身边的人都站起来了。

魏书雅　对，很激动。我还想起来去年的时候，我在国外，当时发生了一些动乱，不是很安全，心里会有点紧张。刚好那天出行的时候路过中国大使馆，看到飘扬的五星红旗，那个时候会觉得特别感动，就觉得国旗超美。

郝　靖　还有，每年评选"感动中国"人物，看他们的事迹，也可以感受到真善美。

毛佩琦　所以美是有共识的，是能体现人的共同理想的。有句话这样说："口之于味，有同嗜焉。"什么意思呢？就是好吃的东西大家都知道好吃。就是好的东西大家都觉得好，这就是共识。比如说日出，朝阳红如火，彩霞满天飞，大家觉得很美，一看阴霾大家觉得不美。

郝　靖　对。还有大爱之美、品质之美，都是美的共识。美育教育能引导我们在超越功利、愉悦自由的精神状态中体验美感生活，提升人生品味，发现未知自我，最终成为人格完整、精神自由的人。以美育人，向美而生！

扫码观看本期节目视频

感悟

美和美育

西安有个半坡博物馆，不大，就两个展厅。我乐此不疲地往那儿跑，就为了看尖底瓶。你说一个陶罐有什么吸引力，值得这么念念不忘，我想，那大概就是美吧。在它前面，我能感受到那种力量，吸引着我去驻足、去寻找，想要发现更多。

美是说不清道不明的。著名美学家宗白华先生说"春天和诗都是美"，好像如果你用心、敏锐，生活中处处是美，处处是惊喜，相反，就只能对生活中的美好视而不见，贫瘠而麻木。这也是越来越多的家长重视美育的原因。时代飞速发展，我们需要让孩子做更多的准备，需要培养他们各方面的能力，让他们去应对和感受新的时代。蒋勋说过一句话："一个人审美水平的高低，决定了他的竞争力水平。因为审美不仅代表着整体思维，也代表着细节思维。给孩子最好的礼物，就是培养他的审美力。"可是，当美说不清道不明时，美育怎么进行呢？

所以，我还是想先来区分几个概念：美、审美和美育。简单来说，美是客观存在，它无处不在，不以我们的意志为转移，却影响着我们。对于这种影响，我们有时候知道，有时候不知道。而这种"知道"就是审美，常用的说法是：发现美。那么什么是美育呢？就是学会审美，培养发现美的眼睛，然后去发现美。这样看来，美育更像是一种技能的培养，且目的明确。很多家长也正是这么做的，比如让孩子去学习各种艺术技能，培养孩子艺术鉴赏的能力。我在博物馆里见过很多孩子被告知或者被要求进行一个作品的解读，像是完成一个作业。我好奇的是，如果一个人面对一个美的作品感受不到愉悦时，他说出的长篇阔论的鉴赏算不算真的审美?

我们说美育是全面发展的一部分,是引导人们在超越功利、愉悦自由的精神状态中,体验美的生活,提升人生品位,觉知内在灵性,发现未知自我,最终成为人格完整、精神自由的人。我一个朋友让自己的孩子学习低音提琴,另一个朋友说,这个用的很少吧,很多乐团都没有低音提琴的。我很喜欢这个朋友的回答,她说让孩子学音乐,就是想让她多个角度感受这个世界,多一种思维方式,至于她将来是不是能成为一个乐手,以此为谋生技能,那不是自己能决定的。这才是我们给孩子进行美育应该有的心态。既然美存在于日常生活中,美育也应该就在日常生活中,要少一点解读,多一些对生活的真诚感知。"'美'并不只是技术,'美'是历史中漫长的心灵传递",是生活中单纯的愉悦和感动,是对生活源源不断的热情和好奇。懂得了美,才懂得了这世间的珍贵。只有真切地感受到这些,才能真正接近美育的方向。

美也是一种观照世界的方式,以美的眼睛看世界,这世界就美。

践行手册

看了这一期节目,你有什么感触呢?欢迎写下

页　　码

原文摘录

应用计划(请联系你最近三个月内的相关经历,写出你打算采取怎样的行
　　　　动,以及开始的时间、频率、目标、步骤以及监督人)

一诺千金

YINUO—QIANJIN

"有所许诺,纤毫必偿,有所期约,时刻不易。"《袁氏世范》当中的这一句话告诉我们,只要是许过的诺,不管多小,都得兑现。不管是自我修养,还是对外交往,诚和信都是必不可少的,诚信也是所有家训当中都会提及的立人之本。

一诺千金

一诺千金，比喻自己说过的话，答应别人的事情，就如同千金般贵重，形容非常讲信用，言而有信，言出必行，说到做到。

刘邦：当年季布帮助项羽打我，给我抓住季布处死。

季布逃跑，遇到朱家。

朱家：你要听我的，剃头装扮成农民，在田里耕种，假扮农民。
季布：好，我一定可以做到。（季布信守承诺，乔装耕田。）

刘邦：听说你人品出众，足智多谋，免去死罪。河东对我来说是最重要的一个郡，好比是我的大腿和臂膀，你去做河东太守吧。季布：好，我一定做好。（季布信守承诺，严守河东。）

曹邱：我听到楚地到处流传着"得黄金千两，不如得季布一诺"这样的话，您怎么能有这样好的名声呢？

访谈

于赓哲　陕西师范大学历史文化学院教授、博士生导师

杨青　著名古琴家、音乐教育家

赵子酉　北京外国语大学印地语专业学生

■ 一诺千金代表的是一个人的信誉

郝　靖　我们今天的主题是一诺千金。一诺千金用我们现在的话来说，就是靠谱，你们觉得什么样的人是靠谱的？

杨　青　应该是我们从小就知道的六个字，叫"言必信，行必果"。

于赓哲　就是"君子一言，驷马难追"。

郝　靖　对，就像故事里的季布，于老师给我们讲讲季布好吗？

于赓哲　季布这个人以诚信著称，而且他的经历也很传奇。他曾经是项羽的部将，为什么这个故事里刘邦这么恨季布呢？因为他在战场上不止一次差点置刘邦于死地。最危险的一次是刘邦坐着马车在前面跑，季布在后面死追，然后刘邦跑着跑着，觉得车太重跑不快，就把自己的两个孩子——一儿一女从车上扔下去，以减轻车的重量。刘邦最后总算是逃脱了。但是他对季布非常憎恨。等到项羽兵败之后，刘邦就悬赏捉拿季布。季布在潜逃的过程中，得到了很多人，包括朱家的帮助。为什么那么多人愿意帮他，就是因为季布有一个良好的声誉——一诺千金。这个人不轻易许诺，一旦许诺必然做到。

郝　靖　所以说，讲诚信不仅仅是一种美德，关键时候还能救命呢。

于赓哲　对，真是这样。

郝　靖　大家有没有发现，一诺千金其实是两件事，就是你首先是要许这个诺，然后再去守这个诺。我们往往重视我们守不守这个诺，但是常常忽视一件事，就是当时许诺的时候，该不该许这个诺。那杨老师您在生活中有没有许过什么诺言，让您印象特别深刻的？

杨　青　琴声是我们的许诺，琴声里面有高山流水，这是对朋友的诺言，叫知音。如果从夫妻来说，有一种许诺，叫"死生契阔，与子成说。执子之手，与子偕老"。这句话出自《诗经》[①]，是说一个将士在前线，遇到危险的时候，他想到了结发的妻子。比方说我跟我的妻子已经结婚三十多年了，是老夫老妻了。我会给她唱《诗经》里的那个曲子，这个就是我的许诺，天知地知，你也知。

郝　靖　其实在生活当中，对诺言看得很重的人，不会轻易许诺，如果许了，他会用一生去践行这个诺言。但是如果许诺很轻易，动不动就对天发誓，他往往对这个诺言看得并不重。

赵子西　我们要实现诺言，等于是要背着这个诺言走到目的地。轻视诺言的人，他把诺言看作一根鸿毛。看重诺言的人，他把诺言看作一座山，他是要背着整座山走到目的地的。所以说看重诺言的人害怕诺言，就是因为在他们心中诺言是一个非常有分量的东西。

---

① 《国风·邶风·击鼓》是《诗经》中一首典型的战争诗。这是一位远征异国，长期不得归家的士兵唱的一首思乡之歌。其中，描写战士感情的"死生契阔，与子成说。执子之手，与子偕老"，在后世也被用来形容夫妻情深。

郝　靖　那小赵你家里，小时候有没有一些家训，比如说爸爸妈妈或爷爷奶奶会对你说，不能轻易对别人许诺啊诸如此类的话，有没有叮嘱过你呢？

赵子西　有，因为我妈妈是一个小学老师，她特别注重我的品德教育。从小她就一直向我强调，不要轻易许诺，尤其是很难做到的事情。我小时候其实对这种事情是不太理解的。但是慢慢长大，能理解了之后，我决定把信守承诺作为我的做事原则。所以如果我要答应别人一件事情，那必须是我力所能及的事情。

郝　靖　如果我们发现这个诺许错了，怎么办？怎么弥补？

于赓哲　对，我觉得，真的像季布那样，许下诺言完全都能够做得到也很难。但是弥补的时候，我们仍然要有一颗诚心。我们不要去给自己找理由，就诚心诚意地告诉对方为什么做不到，之后会有什么样的弥补措施，我觉得这个是比较重要的。

老子有一句话总结得非常好，叫作"轻诺必寡信"[①]，就是说你这个人如果平常轻易就许诺言，又做不到，你未来在朋友当中必然是一个没有信誉的人。还有一种人，不会拒绝别人，但最后又没有做到。有的人性格当中有这个缺陷，他也不是说想骗谁，也不是想谋取什么利益，纯粹是不好意思拒绝别人。

对这种人呢，建议是学会拒绝。学会拒绝不是驳对方面子，

[①] "夫轻诺必寡信，多易必多难。是以圣人犹难之，故终无难矣。"（《老子》）

实际上是保护了你，也保护了对方。

郝　靖　对，其实诺言有两种。一种是没有谎言的成分，他许诺时是真诚的，当时也是那么想的，但是未必有能力做到；还有一种，恐怕就是有恶意的了，为了骗取利益而许诺，当然这是我们很鄙视的一种行为。

■ 家庭中的诚信非常重要

郝　靖　我们现在分门别类来说说。古训说诚信是齐家之道，特别是一个家里的顶梁柱，如果你说出来的话都不算数，这个家整个就乱了。那么，在家庭里怎么做到诚信呢？

于赓哲　在家庭里边，古人特别重视从小培养孩子重信义、重诺言的作风。比如曾子①杀猪。曾子，就是曾参，他是孔子的学生，是个正人君子。有一次，他的夫人要去市场上买东西，他家的孩子闹着要跟妈妈去，结果孩子妈妈说你不要去，你先回去，等我回来把家里的猪杀了给你吃，孩子就高高兴兴地松开手了。结果等他夫人回来之后，曾参就准备杀猪了。他夫人就劝阻他说，我这是给小孩儿随便说说的，你还真杀呀！曾参说，就因为是小孩子，我才要信守这个诺言。孩子的品格还没成型，可塑性是很大的，你在他面前轻易许诺，撒谎

---

① 曾子，名参，是中国著名思想家孔子晚期弟子之一。

郝　靖　　骗他,未来他可能就是一个待人不真诚的人。

郝　靖　　对。

于赓哲　　而且曾参家很穷的,他那个时代一头猪对于一个农家来说,是宝贵的财富。把这头猪杀了,等于家里的重要财源就没了。但是为了这个诺言,他就要把猪给杀了。

郝　靖　　在家里诚信是非常重要的,特别是父母对孩子一定要诚信,而且要身体力行地践行诚信,遵守诺言。这个就要问问小赵了,在你家里,爸爸妈妈有没有不遵守诺言的时候?

赵子西　　我突然想到一件事情。我小时候特别想要一台游戏机,因为同学都有。我就跟爸爸妈妈说,如果大考的时候,我考得特别好,你们一定要给我买一台游戏机。爸爸妈妈为了让我考试考好,就答应了我。最后我确实考得非常好,但他们没有给我买。

郝　靖　　因为游戏机太耽误学习了。

赵子西　对，他们觉得游戏机耽误学习，又破坏视力。他们也认为应该寓教于乐，但他们觉得电脑其实比游戏机更好。所以他们说，你可以有多一点时间去玩电脑，但是我们就不给你买游戏机了。其实这也不算不遵守诺言，他们只是用另一种方式去弥补了，我觉得这是给我印象挺深的一件事。

郝　靖　杨老师，您有没有对家人许过诺？

杨　青　有，我许诺给妻子一个温暖的、安宁的港湾。因为我们以前在外地下乡，我回到北京的时候，她还在外地。当时很多人的做法就是我不跟你结婚了，我在北京找一个。但是我没有，我当时跟她结了婚，然后想办法把她调回北京来。我到现在还很自豪，我觉得我做得对。

郝　靖　那您年轻的时候，有没有对妻子许诺说，我会爱你一辈子。

杨　青　肯定许诺过。当时买不起别的，只能买手绢。我记得1957年我出国，在国外给她买了好多手绢，买别的东西我们工资不够，只有几十块。我想《红楼梦》有个《题帕三绝》[①]，林黛玉在贾宝玉送来的旧手绢上，题了三首诗，意思是"唯有旧物表深情"。所以我想一张张手帕，也是我的一片片心意。

郝　靖　杨老师的诺言是用他的行为一天一天、一年一年、十年、二十年、三十年在践行，于老师肯定也说过这句话，您践行这句诺言了吗？

---

① 《题帕三绝》，出自曹雪芹《红楼梦》第三十四回：宝玉挨打，怕黛玉担心，故以让晴雯送两块旧帕为借口，让黛玉放心。黛玉由此大受感动，一时难以控制自己的感情，在旧帕上题了三首诗。

于赓哲 我这是第一次透露，我跟我爱人谈恋爱的时候，我曾经说过，我不会说轻易说我爱你，因为我觉得要注重诺言，但是我记得好像第三次约会我就说了。

郝　靖 您有没有说"我会爱你一辈子"？

于赓哲 好像没有说，但是现在我们结婚到今年也整二十年了，我觉得我们的夫妻感情还是非常好的。

郝　靖 这一点我可以做证，我知道于老师的爱人就是他的初恋，是大学同班同学。

■ 诚信决定一个人在社会关系中是否走得长远

郝　靖 夫妻之间用一辈子的时间来践行"我爱你"这句诺言，这是一个很美的过程。但是朋友之间也需要信守承诺，几乎所有的家训都会包含"诚信待人"这四个字。

于赓哲 守信在中国古人看来，在君子道德操守标准中不能说一定排在第一位，起码也是第二、第三位。

郝　靖 就是说不守信你就不是君子。

于赓哲 对。甚至中国古人提到的所谓士大夫的道德操守，首先就是"忠"和"孝"。其实"忠"和"孝"本身就是诺言，而且这两个诺言，是一辈子的事情。中国古代守信的故事当中，甚至还有很极端的事。比方说从前有一个人叫尾生[1]，尾生守信到了何等程度呢？在我们今天看来可能就是迂腐。就是他与别人相约在桥下相见，结果到了约定的时间，对方没有来，但是河水涨了，怎么办？应该到河岸上去，站高一点。但是他没有，他就抱着柱子等，结果水漫上来把他淹死了。在尾生看来，承诺比什么都重要，甚至可以付出自己的生命，只是在我们看来有点不值。可是如果我们把这个事换作是为了某个正义的事业，是为国家或者拯救苍生而付出自己的生命呢？

郝　靖　他也会在所不惜的。

于赓哲　对，也会在所不惜。他连这种小事都能够完全照着诺言来履行，那大事更不用说了。

杨　青　包括春秋时期的伯牙与子期，伯牙弹琴，子期懂欣赏。伯牙说你是我的知音，咱们相约来年相见。结果到了约定的时间，子期失信了，因为他去世了。伯牙为了守信，把琴给摔了，从此不弹琴了。[2]

郝　靖　其实现在很多影视剧也在弘扬守信千金难得，比如说《那年花开月正圆》，我想大家可能都看过这部电视剧。如果周

---

[1] 尾生，是中国历史上第一个有记载的为情而死的青年。说的是春秋时期有一位叫尾生的男子与女子约定在桥梁相会，久候女子不到，水涨，乃抱桥柱而死。后用"尾生抱柱"一词比喻坚守信约。

[2] 俞伯牙与钟子期是一对千古传诵的至交典范。伯牙善于演奏，钟子期善于欣赏，这就是"知音"一词的由来。后钟子期因病亡故，伯牙悲痛万分，认为世上再无知音，天下再不会有人像钟子期一样能体会他演奏的意境。所以就破琴绝弦，把自己最心爱的琴摔碎，终生不再弹琴了。

莹不是对夫家的家训守诺,不是诚信经商的话,恐怕也没有日后的成功。大家觉得呢?

于赓哲　她就是把夫家的家训彻彻底底地执行了下去,最终获得了成功。古今中外,无论是世界五百强企业,还是中国本土的一些大商人,凡是把事业做得很大的,都守着诚信之道,从古至今都如此,比如有个徽商叫吴南坡,他告诫家人说"人宁贸诈,吾宁贸信,终不以五尺童子而饰价为欺",就是说商人要诚信,我宁可吃亏,也要维持我的信义,就是五尺童子,我也不欺骗他。

郝　靖　对。

于赓哲　唐代有一个著名的药商叫宋清,后来柳宗元专门给他写了一个传,叫《宋清传》。他经商卖药材在整个长安城内都非常有名。他给采药的人最高的价格,买最优质的药材以保证药效,以至于医生开药方的时候,都特别嘱咐病人,说我开这个药方,你如果不是到宋清那里去抓药,没有疗效你可别怪我。宋清经商特别诚信,为了维持他的诚信,甚至吃亏都可以。比方说没钱的人来买药,你可以给我写一张白条,就说你叫什么名字,欠我多少钱,什么时候来还。这里边有些人是因为穷真的还不上,还有的人就是骗他。但是就像《吴氏家训》里面说的,我宁可让你骗我,没关系,但我不会欺骗你。到了年底,凡是没还钱的所有的白条,宋清按照惯例一把火烧掉了事。而这件事带来的结果是什么呢?就是人们越来越相信宋清。

怎样做到诚信

郝　靖　说到商人诚信，现在我们都流行网购，小赵，你在网购时有没有遇到与诚信有关的事？

赵子西　有，现在电商非常发达，很多平台都引入了诚信制度，包括买家和卖家，都会有诚信数据。我有一个朋友，看到有一家网店说消费满六百块钱，前1000位就可以获得一部手机，然后他特别开心地参加了这个活动。最后发现他付款晚了，肯定超过1000名了。

郝　靖　就得不到那个手机了。

赵子西　对，然后他就申请退款，钱也打回来了，结果过了几天，这个快递居然寄到家里来了。其实呢，他如果把这个快递留在家里也没什么事，人家也不会发现。但是他还是选择了主动跟人家联系，把快递寄还给了商家，我觉得朋友做的这个事情让我看到了他的诚信。

郝　靖　这就是买家诚信的典范，是吧？那你怎么考量网络商家的诚信呢？

赵子西　我觉得现在咱们中国的电商发展得很成熟了，尤其是引入了诚信制度之后。以前在网上买东西都是邮购，你先把钱给他打过去，然后商家直接寄给你。现在有个第三方，就安全了很多，也确保了双方能够诚信。

郝　靖　这是一个外部的约束。

于赓哲　但是我觉得外部的约束真的很重要。我们现在，包括我们做这个节目，我们谈诚信，往往谈的是人性。但是我在这里想强调的一点是，与人性比起来，制度有时候更重要。一个是技术手段，一个是法律制度，我们要让诚信的人在社会上一帆风顺，要让那些不守信的人在社会上付出应付的代价。比如现在对"老赖"，禁止他坐飞机，禁止他住三星级以上的宾馆，禁止他买一等座……这就是一个很好的举措。在很多方面，诚信是靠制度和技术约束出来的。

郝　靖　没错。就是应该让这些不诚信的人付出犯错成本，而且这个成本越大越好。当然，我们还是希望更多的人，能够自觉地践行诚信。我知道现在大学生有《大学生诚信守则》。

赵子西　《大学生诚信守则》当中有一条，我印象非常深刻："立人诚为本，处世信为基。"我觉得在大学生活当中，专门把诚信拿出来作为守则，是非常重要的。在生活当中，诚信体现在很多方面，比如不撒谎、借钱有借有还，然后对我们学生来说，比如考试不作弊、上课不迟到，等等。

于赓哲　还有遵守学术规范。

郝　靖　遵守学术规范对大学教师、科研人员来说，也是在职业上守诺。于老师您也是大学老师，对职业方面的诺言您怎么理解呢？

于赓哲　我觉得诺言其实渗透在我们日常生活的每一个方面，小到一个家庭对孩子的教育，大到职业方面。我们现在经常说，一个人专业，说这个人表现靠谱。专业就是一种职业精神，而什么叫职业精神？我从事这个职业，就已经对整个社会，有了一个许诺。就是我将做到什么，我将怎么样做，我在什么条件下做。能实现预期的想法和目标，自然就有了职业精神。

古代还有一个著名的故事叫"叔虞封唐"。西周的周成王继位的时候，年龄不大，还是个孩子，他弟弟当然更小了。他跟弟弟叔虞在一块儿玩的时候，就拿了一片树叶把他撕成龟的形状，然后交到弟弟手里说：这个树叶封给你。这时候，周公在他们旁边，马上就很严肃地说：君主已经下令了，要封叔虞，那么现在就请给叔虞正式列土分封。然后成王说我这是开玩笑呢……

郝　靖　君无戏言。

于赓哲　对，周公就说君无戏言，别看你是小孩子。正因为你是一个年幼的君主，我是辅政的大臣，我才要告诉你怎样做是正确的，以免你长大成为言而无信的君主。

郝　靖　也就是说从小事上就不能放松这方面的教育。

于赓哲　对，就是这样。

郝　靖　对。刚才于老师说了，要有规则的约束。但执行才是最重要的。所以我们最后来谈一个问题吧，怎么样才能做到一诺千金？

于赓哲　我觉得关键是两个字："心诚"。首先，你自己要有一颗诚心；其次，我们不要轻易地许诺；再次，我们对诺言要郑重。我们要认识到，许诺绝非小事，这关系着自己的声誉，关系着个人的利益，甚至与未来的事业也密切相关。

我觉得做到这些，就能够做到守信。还有一点，我觉得是可以跟古人借鉴的。古人为什么许诺的时候要昭告天地，要做祭祀，要歃血为盟，这是一种仪式感，人生是需要仪式感的。仪式感告诉你我这个东西是郑重其事的，仪式也随时让自己回想起来曾经有这样的一个诺言。

杨　青　在人的诚信中还应该有一个"爱"。如果你爱自己的事业，你就要真诚对人。你把别人，比如说跟你打交道的人，当家人来爱，你把学生当孩子来爱，请问你对家人还需要欺骗吗？从爱的角度来说，这是一个感情上的制约。

郝　靖　我想说一点，刚才于老师也说过，就是要善于拒绝。善于拒绝，不轻易许诺，可能我们才能真正地做到一诺千金，做一个靠谱的人。希望大家都能成为他人眼中靠谱的人。

扫码观看本期节目视频

感悟

这事你不管

"这事你不管"，确切地说是一句陕西话，其潜台词就是这事儿我帮你搞定，是一种大包大揽式的许诺。同时，这也是陕西知名方言乐队黑撒乐队的一首歌，歌里就有这样一个所有事情都大包大揽，但却永远没有下文的李大谝，形象之生动可恨，让黑撒实在忍不住唱了一句"是个王八蛋"！

　　比起拒绝你的人，那种每次都满口答应然后不履约的人，更让人觉得不靠谱，更会让人生厌。因为被拒绝的不爽只在当下或者持续很短暂的一段时间，而不靠谱的印象却会一直存留。那怎么办呢？最好的答案是："这事我不管。"学会拒绝、适当的拒绝不但不会影响你的人际交往，还会让人际关系变得更和谐、稳固。三毛说过："不要害怕拒绝别人，如果自己的理由出于正当。当一个人开口提出要求的时候，他的心里根本就预备好了两种答案，所以，给他任何一个其中的答案，都是意料中的。"

　　有的人不会拒绝，是为了取悦别人，怕让别人失望，怕不被别人认可和喜欢，这就是讨好型人格，其根本原因就在于内心的坚守和勇气不够。老子说"勇于不敢则活"，这世上有两种勇敢，一种是勇于敢，一种是勇于不敢，也就是说"不"。在我看来，勇于不敢才是真正的勇敢，因为凭着冲动许下某个承诺，比起深思熟虑之后的勇敢拒绝要容易得多。

　　可能很多时候，人会下意识做出看似容易的选择：妥协、迁就、不拒绝。然后是自己的空间、时间被侵占，最终变得被动、焦虑，陷入困境。做得到还好，只是累一点，占一点时间。做不到呢？

信誉、情谊全部化为乌有。信任的建立需要很长的时间和很高的成本,可是摧毁,却只用一瞬间。

其实生活中可以拒绝的小事有很多,不想做的事情,做不到的事情,不该做的事情,都没必要碍着情面妥协。比如微信盛行之后,经常会有人要我们帮忙转发朋友圈或者为某条微信投票、点赞。朋友圈是自己生活的展示和记录,一个全是友情转发的朋友圈,不仅自己看着会心生厌倦,在别人看来也是没有原则和重点的。那么,不妨试着说声:不好意思……

不善于拒绝,还源于我们似乎不是那么担心失信,我是答应你了,可是我也尽力了,没做到也不怪我吧。不知道从什么时候开始,我们似乎有一种共识,小节不影响信誉,反倒在乎小节的人显得有点小题大做。比如说,迟到,反正也是一起逛街、喝茶,迟到一会儿无伤大雅;比如说临时爽约,不好意思,有突发状况,我们改天再约,反正来日方长……在古人看来,守信是比生命更重要的事情,包括按时赴朋友之约这样的小事,尾生可以抱柱,范生会用生命去赴菊花之约,而我们,总是屈从于突发状况,推脱来日方长。可是,如果小事上都不能守信,谁又能期待你大事上靠谱呢?

人生一世,守信是安身立命之本,轻易不诺,诺之必守,跟靠谱的人交朋友,做一个靠谱的人,这是长久之道。

践行手册

看了这一期节目,你有什么感触呢?欢迎写下

页　　码

原文摘录

应用计划(请联系你最近三个月内的相关经历,写出你打算采取怎样的行动,以及开始的时间、频率、目标、步骤以及监督人)

尊师重道

ZUNSHI—ZHONGDAO

小时候我们上学第一天,父母总会非常严肃地叮嘱我们:"上学了,一定要尊敬老师,听老师的话。"尊师重道是中华民族的传统美德,师承关系也是中国传统伦常中最重要的非血缘关系之一,正因为如此,中华文明才能够代代相传、生生不息。

尊师重道

尊师重道，指尊敬师长、重视真理。最早出现在《后汉书·孔僖传》："臣闻明王圣主，莫不尊师贵道。"

游酢：水是从西方流过来的。
杨时：不对不对，水是从东方流过来的。

"走，咱去问程老师去！"
大雪纷飞，程颐正在家里休息。

"老师在休息呢，咱不能打扰他。"
一炷香过去了，程颐出门一看，两个人已经变成了雪人。

后来，杨时学到了程门理学的真谛，世称"龟山先生"，被后人推崇为程学正宗。

访谈

郑杰瀚
北京外国语大学马来西亚籍华裔留学生

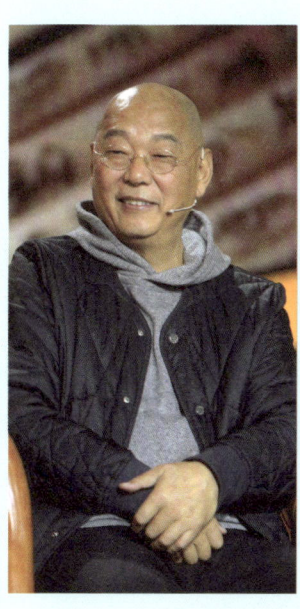

万鼎
山水画家、陕西美术家协会副主席

毛佩琦
中国人民大学历史系教授、博士生导师

尊师重道要有仪式感

毛佩琦 先说什么是尊师重道。"尊师"就是尊敬师长,"重道"是重什么?重视真理,重视某种道德规范和一种我们最终的理想承载。为什么说要尊师呢?因为你要跟老师学道、学技术、学做人的规矩,要跟他学理想、担当、理念。

"程门立雪"的故事,大家都非常熟悉,它体现了学生对老师的尊重。如果两个学生擅自去敲门,甚至把老师叫醒,那就不够尊重。所以说,如果你对道是崇尚的,是重视的,那么一定先要对老师有崇敬的态度。如果连崇敬的态度都没有,那还谈什么学习呀,还学什么呢?所以我们古代有很多尊师礼仪,这些礼仪实际上是一种承载。

遵照这种形式行的礼又感化了你的内心,所以它是相辅相成的。内心有了崇敬,礼仪会做得更加周到,这两个是一致的。所以尊师重道,我们既要表现在形式上,也要表现在理念上。比如程门立雪,就是表现在理念上,并没有说要给老师敬个礼。老师在休息,我不打扰,让你能够得到充分的休息,这就是对老师的尊敬。

万　鼎 对,他们用发自内心的行动表达了一种尊重。

郝　靖 是,所以对师父呢,一定要有敬畏感。我们知道万老师师从何海霞老师,能不能谈一谈师对徒到底有什么样重要的作用?

万　鼎　其实在我的心里边，师父就是父亲。简而言之，他就是我第二个父亲。

郝　靖　师父的父，正是父亲的父。

万　鼎　对，刚才毛老师讲的那个形式的问题，我就特别有感受。我十八岁的时候，我父亲带着我去了何海霞先生那儿。父亲说：你不是爱画画吗？我带你去拜一个好老师。那时候是1973年，何老当时生活也比较艰苦，窗户都是用纸糊的。认识了何老以后，我就经常会去他那儿，看他画画，跟着学习。到了1974年，我父亲找了一个合适的机会，把何老请到了我家，然后就谈到了想让我拜他为师这件事，何老就答应了。何老就在我家吃了个便饭，我给何老磕了头，拜了师。

郝　靖　磕头拜师。

万　鼎　是，然后何老还开玩笑说，当年我给（张）大千先生磕头拜师还给了四十块现大洋。我父亲笑着说，我可没钱给你啊。何老师说，现在也不兴，有这个仪式就已经很好了。
我谈这个是什么意思呢？就是说，磕了头和不磕头是完全不一样的，这个仪式本身就代表了一种尊重。也可能你原来不懂什么叫尊重，但就在磕头的那一瞬间，就了解了。

毛佩琦　所以在以前很多家里边都有一个牌位，上面写着"天地君亲师"。天地最大，君是最高统治者，亲是父母，老师也在上面，我们要尊重老师。

----

〔1〕"天地君亲师"发端于《国语》，形成于《荀子》，西汉流行于学术界，明朝盛行于民间。

郝　靖　是。

万　鼎　所以你想，那个时候在牌位上都有师，可见老师有多重要，我对这种仪式感是有感悟的。

毛佩琦　礼节是随着时代的不同而变化的。比如说我们有很多大礼，三跪九叩，就是磕九个头跪三回，这是大礼。我们现在可以不用刻意做这些东西，每个时代有不同的礼仪，但是必须有礼仪。繁文缛节不好，但是没有文、没有节是不可以的。

郝　靖　没有礼节万万不可。

毛佩琦　是的。你不磕头，可不可以鞠个躬，在正式场合举行一个仪式？这都是可以的。但不能说没有任何形式，印象不深刻，没法在灵魂上有触动。事情过去就忘了。

郝　靖　所以您说的这个仪式感，是一定要对内心有触动，这是最终的目的。

毛佩琦　是的。

郝　靖　我想问问杰瀚，你是九〇后，对拜师礼这种仪式，你怎么看？

郑杰瀚　我觉得这种形式应该被重视。因为在马来西亚，其实还是有这种拜师仪式，虽然不多。

郝　靖　那你在中国见到过磕头拜师[1]的仪式吗？

郑杰瀚　我倒是没见过。但是我看一些武侠小说和电视剧，里面有这

---

[1] 中国人尊师重道的传统历史悠久，周代已有释奠尊师之礼。拜师礼序：第一，拜祖师、拜行业保护神。表示对本行业敬重，表示从业的虔诚。第二，行拜师礼。学徒行三叩首之礼。第三，师父训话，勉励徒弟做人要清白，学艺要刻苦等。

样的场景。老师开始会对徒弟各种刁难，比如踢他一脚，然后考验他的人品、天赋。如果通过了考验，就有一个拜师礼，什么下跪、磕头、敬茶等等，还会请同门或者同道来见证这样的仪式。

万 鼎　我现在收学生基本上就是学生简单地磕一个头，然后敬一杯茶，我把茶一喝，给学生说上几句鼓励的话，再送给学生一支毛笔。我不会忘记当年何老送给我的毛笔，是北京荣宝斋的一支中石獾的毛笔，特别珍贵。

郝 靖　现在毛笔都用坏了吧？

万 鼎　那毛笔老是不舍得用，但也用了。用一用，就放在那儿，总是觉得这是老师留下的东西。

■ 好老师的恩情如父如母

郝　靖　您会经常给您的徒弟们讲您跟海霞老师之间的故事吗？

万　鼎　也会说，有时候会谈老师生活上的一些琐事。比如会说到刚开始拜他为师的时候，他画画我就站在旁边看；他想画画了，我就赶快去帮着研墨。慢慢地懂得了他画画的一些程序以后，就知道他下一步该干什么了，那个时候就有眼色了：他马上要用赭石了，我赶快把赭石颜色拿手指头给研一研。他一张画画完了，把赭石一上，我就知道这个阶段告一段落了，他往床上一靠，我就赶快去倒一杯茶。他用那种小茶碗，我开始也不懂，就给他倒了满满一杯茶过来了，何老就说："半杯足矣。"

毛佩琦　茶倒满了是不恭敬的，茶要浅呀。

郝　靖　真有讲究。

毛佩琦　给人敬茶是很讲究的，如果对方认为你是一个蠢货，就给你倒一大缸子。这就是《红楼梦》里说的，一杯是雅兴，两杯是解渴的蠢物，三杯就是牛饮。

万　鼎　所以老师把茶一饮，很严肃地说半杯足矣，我就记住这句话了，再没有犯过第二次。尽管是生活中的一点小事，现在回忆起来……

郝　靖　都这么多年了，这些小事您记忆得还这么深刻。

万　鼎　那必须的。我还记得把白萝卜切成小麻将块大小，白水加一点盐，用小蜂窝煤炉子炖着。炖好了以后，在碗里化一小疙瘩榨油。老师画完画一吃，说真香啊。

郝　靖　所以说那时候的师徒，不仅仅是学生和老师的关系，还像家人一样。

万　鼎　是，我没有叫过何老老师。因为世交关系，我就一直叫何伯。所以他待我也是像侄子一样，他给我画的画上面写的都是世侄万鼎。

郝　靖　但是在内心里，您已经把何老当作第二个父亲了，因为他教给您太多东西。

万　鼎　太多了。他还偷偷给我塞钱。十块、二十块，那个时候经济很紧张。我说我都工作了，"啧啧啧，拿着拿着……"就这表情，就跟怕让别人看见一样，老人的那个动作，我记忆犹新。

郝　靖　杰瀚听了这些故事是不是觉得很温暖？

郑杰瀚　对，感触很深。

郝　靖　我想问问你有师父吗？

郑杰瀚　如果说师父的话，我有一个书法老师，在马来西亚。我从六岁开始到十七岁，每个星期五都会去他那儿学，跟他学习书法学差不多十一年吧。后来因为忙于考试就中断了学习。

我上书法课的时间是晚上八点到十点，当时我父母比较忙，所以有时候来接我比较迟。因为老师的工作室就在他家隔壁，所以如果太迟了，老师就把工作室关了，领我去他家，给我泡茶，跟我聊天。因为那时候我很小，只有五六岁，有时候他会变一些魔术，来逗我开心。后来我年龄比较大了，他就开始跟我谈论一些问题。比如你最近好吗？学校怎么样啊？就很关心我。有时候我也会关心老师，问问老师最近过得怎样啊之类的。像现在，每次只要一放假或者有空，我就会去找老师，就算什么事都没有，就去他家，坐在那里待几个小时，跟他喝杯茶，聊聊天，这种感觉，对我来说真的……

郝　靖　很舒服那种感觉。

郑杰瀚　对，很舒服。

郝　靖　你师父也是华人吗？

郑杰瀚　对，他是华人。不过他也是在那边土生土长的。

郝　靖　所以华人过去以后，很多我们中华民族的优良传统他们也都带过去，继承发扬了。

毛佩琦　说到拜师呢，我们其实应该注意到，中国的教育方式跟西方的不一样，现在我们是学校教育，过去是师徒教育。师徒教育是口传心授，是让你跟师父在人格上、生活上、行动上去接近。你不仅要学他的技艺，也要学他的语言、学他的道德、学他的行为方式。

以前，比如说学京剧、学木匠，甚至学跑买卖、学开油烟店、学开布店、学武术都有这种师徒传统。

郝　靖　对。

毛佩琦　徒弟要跟师父一起生活。不仅要一起生活，还要为师父服务，要三年徒满，所以结成了一种非常亲密的关系。这种亲密的关系，实际上是师父看你孺子可教，最后才把真东西传给你。所以，如果没有对师父的这种尊重，没有长期的磨炼，不可能学到真知。

郝　靖　对。

毛佩琦　现在的课堂上，有的老师照本宣科，说完了夹着包就走了，连学生都不怎么认识。当然我们带博士生可能会好一点，可是仍然不如原来的这种口传心授。比如口传心授画画，老师有的时候甚至给你一个粉本①。说这个粉本你画吧，将来你离开我就照着它画，卖画都够养活你的，他连你的生活上都照顾了。

万　鼎　毛老师在艺术上太专业了！我就享受过这种待遇。

毛佩琦　所以何海霞先生是真正把万先生既看成学生，又看成孩子。所谓一日为师，终身为父。②反过来也可以说，一日为徒，终身为子，老师也终身爱护你。不仅我教你的时候爱护你，你出了师我爱护你，你以后走我这条路我也爱护你。看着你的成就，我心里高兴，我的学问、我的技艺得到了传承，我感到一种满足，就是这样。

万　鼎　我带了一封何老给我的信，特别能印证毛老师刚才说的话——老师不仅是操心你的学业，还有你的生活、工作，都操心。

郝　靖　真的跟父亲一样。这是何老什么时候给您写的？

---

① 粉本，中国古代绘画施粉上样的稿本。
② "忠臣无境外之交，弟子有束修之好。一日为师，终身为父。"（〔清〕罗振玉《鸣沙石室佚书·太公家教》）

万　鼎　20世纪70年代末80年代初。

郝　靖　是他去北京离开西安的时候？

万　鼎　曾经有一次，何老短暂地离开西安一段时间，我念一下。

郝　靖　好，太好了，让我们来听一听，师父给徒弟的一封信。

万　鼎　万鼎侄，你好。和你相别一恍有半个月了。由于初来洛阳是比较忙乱的，没有及时写信给你，尤其你没有来，更应该有信给你。迟了半月这才是第一封信，可能在你的心里，或者还留下在走的时候一些不愉快的情绪吧。

鼎侄儿，我这次来，仅仅是为了暂时之计，旅行而已，时间不会长，更不会忘掉西安的一些知己和你们。特别对你的出路问题，虽然进行过联系，最后呢，总是泡影，使我内心不安。你可能也谅解遇到的阻力和当时的情况吧。既然是世交，我们就不要客套了，你近况又怎么样呢？时刻在

	我的头脑里反应。
郝　靖	每一个字都是那么质朴。
万　鼎	其实这是一封家书。
毛佩琦	家书。
郝　靖	对，里面那份感情，真的让我们特别特别感动。
万　鼎	所以你从这封信能听出来，它不是简单的一个老师和学生的关系。
毛佩琦	对呀。其实也有嘱托，就是对于万先生的工作，他一直在挂心，想让他有好的安排。没有安排，他一直放心不下。
万　鼎	是。
郝　靖	所以，我们从这封信中也体会到师父那个"父"字了。那种师生的情谊，让我们真的非常非常感动。尽管时光流逝，在万鼎老师的心中，何海霞先生依旧是让他非常想念和怀念的。
万　鼎	我就不能提何老，一提他就难受。 如果说我现在的画还能去换一碗饭吃，我的那点本事都是跟何老学的，毫无疑问。在做人方面，我觉得我从何老那儿得到的非常重要的就是，可以忍辱负重，可以低调做人，在艺术上不断追求、绝不放弃。
郝　靖	我想问问杰瀚，你跟你的师父还经常见面吗？
郑杰瀚	对。我每一次回去，都会去找他。然后每年新年他也会给我他写的春联、他画的画。其实刚刚听两位老师说话，我就想到另外一位老师，她不是教我别的技艺的老师，是我高中三年的班导师，叫爱华老师。
郝　靖	也是华人吗？

郑杰瀚　对，也是华人。她教我数学，应该不只是我，我相信我们班的同学几乎都已经把她当成妈妈来看。我们跟她的感情好到什么程度呢？每一次她生日我们都会给她制造惊喜。高三那年老师生日时，我们全班同学去一个同学的家里，画了一张老师的肖像，然后在旁边写了一些字。在老师生日当天，下课后，我们在全校都能看到的一个大操场，全班同学躺在那里摆一个心形，然后把画放在中间。

郝　靖　躺到操场上，然后让老师可以看得到，这就是仪式感。

郑杰瀚　对，因为老师的名字有一个"爱"字，所以我们就摆了一个心形。最后请老师来，我们每个人给老师一个拥抱。然后每一年的新年，我们有班级代表的时候，都一定会去老师家，有班级聚会请老师来，有旅行也请老师一起去。

郝　靖　因为老师对你们很好是吗？

郑杰瀚　对，那时候我在高三，我又是班长，老师对我特别关心。因为我数学不好，又是很懒惰的人，几乎不怎么做功课，然后老师就经常会问我这样那样，结果最后我都不好意思了，就把她带的数学课认认真真地学起来。

郝　靖　不得不学了。

郑杰瀚　对，我觉得那是一种责任，我不想让老师失望。最后我们高中的统考，相当于中国的高考，我数学取得了很好的成绩。

郝　靖　他不用说太多，只要说一句她像妈妈一样对我们，我们就都知道这位老师有多好。

毛佩琦　我们为什么要尊师？从根本上说，这是我们人类特有的智慧。人为什么跟动物有区别，就是人能够学习。通过学习能够得到前人的智慧，你没走过的地方，没读过的书，老师读了，去经历了，你通过学习也可以得到。因此社会才一步一步向前发展。社会要发展，一定要继承前人的智慧，所以在任何时代都要学习，要学习就要尊师，所以尊师是一个永恒的主题。

郝 靖 对，尊师也是一种智慧。其实每个家训当中，几乎都会提到尊师重道，这是长辈对子孙的谆谆教导。为什么？因为长辈很清楚啊，家人未必会有很多知识传授给你，让你师从一个有技能的人，让你遵循他的教导，对你来说是受益无穷的。

万 鼎 对，我们讲尊师重道。道，乃大道也，就是传统文化的大道，民族文化的大道。每一个民族都一样，通过这样一种尊师的方式一代一代传承，来完成民族的大道。

郝 靖 对，看起来是徒弟受益了，学了很多的本事，但是从长远来看，尊师让我们中华民族最好的文化传统一代一代地薪火相传。

■ 传承师艺师德，弘扬师道

郝 靖 还有一句话是名师出高徒，这句话你们怎么看？

万 鼎 我觉得这个名师，首先一定是名副其实的名师，这样才能出高徒。

毛佩琦　名师出高徒有两方面的意义。第一，名师的知识和技艺一定是高超的，他可以培养人；第二，他的培养方法、他对学生的态度，一定是非常特别的，他有好的教学方法，能成为好的榜样，才能够培养出高徒来。所以我们的学习起点要高，眼界要高。取法其上，得乎其中。

郝　靖　所以你们觉得"名师出高徒"，名师是很重要的，但是徒弟的悟性和诚意也很重要。那我也想问问杰瀚，你从你师父身上学到了什么？除了书法。

郑杰瀚　我小时候写字，身体常常会跟着笔一起歪，然后老师就常常会矫正我说，只有身体正了，写字才会顺，你写的字才会正。小时候其实我不理解这个道理，长大后我才明白这个道理。他是告诉我，在这个世界上，其他东西不重要，最主要是要先学会做人。

郝　靖　身正。

郑杰瀚　对。所以我从他身上学到的，我相信是比书法更多的东西。

郝　靖　所以说师父他真是把自己多年积累的技艺、经验和智慧，无私地传递、传承给弟子，这是最宝贵的。

万　鼎　所以应该永远感谢师父，感谢老师！

郝　靖　对，就像刚才毛老师、万老师说的，我们现在应该更多地去弘扬这种师承关系，更大力地宣传它，让更多技艺高超的人，可以把自己积累的很多人生经验，毫无保留地传递下去。

万　鼎　是。

毛佩琦　我们的节目是《丝路家训》，其实中华文化在很长时期内，对周边很多国家，都有很深刻的影响。比如说我们的儒学文化圈。刚才马来西亚的小郑也说到了，华人也把我们中华民族的传统文化带到那边。尊师重道是我们一个共同的理念，所以让我们保持这种理念，在新的时期发挥尊师重道的精神，来提高我们整个民族的素质。

郝　靖　没错，我们就是应该通过尊师重道，把人生的智慧继续发扬光大，让人类文明更加灿烂辉煌。

我们都知道杰瀚学过书法，而且学了十几年，节目最后，我们是不是考验一下他，来看看马来西亚的留学生书法怎么样。杰瀚，准备写什么？

郑杰瀚　因为今天的主题是尊师重道，我就写"尊师重道"好了。

郝　靖　好，欢迎。下笔怎么样？二位老师。

毛佩琦　一出手就知有没有。有！

万　鼎　不错，不错，写得很规范。

郝　靖　有人说这个毛笔字，是宣纸上的舞蹈，二位老师怎么看？

万　鼎　因为它有节奏，有韵律。我觉得让我吃惊的是，在马来西亚出生的第四代华人，没有忘记汉字、汉文化，能够用自己的业余时间不断地去学习这个，这真是好！

郝　靖　所以要感谢他的师父。"一日为师，终身为父。"中华民族众多的优秀文化传统、技艺都是靠师承关系一代代传下来的。传承、繁荣中华文明离不开师承。不忘初心，方得始终。

扫码观看本期节目视频

感悟

从前……

这期节目我们讲的尊师重道，其实更多的是说一种传统的心口相传的师承关系，确切地说，是对从前那种亲厚的师生关系和状态的怀念。对这种关系和状态我心向往之，大概是跟当下师生情谊的淡薄和缺失有关吧。

　　师是什么？用韩愈的话说，"传道授业解惑也"，而启功先生的注解是"学为人师，行为世范"，这让我突然想起那部电影——《启功》，虽然主要是讲了启功先生的一生，但是里面北京师范大学诸位先生为师的风骨确实很让人尊敬，而最让我感动的就是电影中对于师生情谊的刻画，尤其是启功和老师陈垣之间。当时启功被打为右派，不能跟老师来往，只能偷偷去探望。陈垣生日，启功藏了妻子做的两个寿包去给老师拜寿。当年迈的他跪下向老师磕头时，两位老人泪眼相望，观众莫不动容，这样的师生情谊也深深地留在了我的记忆里。我发现，越是大家，越是尊重老师，越是重视自己的师承关系。也许是因为大家总是习得名师，或者更能懂得老师所给予自己的财富吧。

　　古语说"一日为师，终身为父"，很多中华民族的优秀文化传统、技艺都是靠师徒关系一代代传承下来的。老师教给我们知识、谋生的技能，从某种程度上说，老师确实同父母一样，是我们成长的来处。父母养育我们成长，老师则让我们的灵魂健全、完善。遗憾的是，相比尊师重道的例子，我们也会听到一些学生不尊敬老师、老师伤害学生的事件，实在让人痛心。

　　这可能也与当下的师生关系结构有关，随着学校教育的发展、成熟，口传心授的师承方式逐渐退场，从前的师父变成现在学校里的老师，学生也成了铁打营盘中流水的兵。从前，教书是一个神圣的事业，现在，教书是一份普通的工作。尤其是在追求平等、自由的教育环境下，老师的权威性也不似从前，"师道之不存久矣"。

尊师是和重道联系在一起的，"道之所存，师之所存"。我想我们只有找准当下师生关系结构中的"道"，才能真正做到尊师重道吧。可是，"道"在哪里呢？

老师权威性和尊严的丧失，除了师承方式的变化，可能也和少数老师的道德失范有关。而学生只有明白知识的重要，感受到教育对自己成长的重要，才能真正学会感恩和尊重。我想大多数家长是重视老师的，甚至不乏巴结的，可是这种巴结、重视里藏了太多的功利心，目的是让老师更注重甚至优待自己的孩子，缺乏真正的尊重。一旦这种平衡被打破，或者预期得不到实现，家长就会像很多新闻事件中的那样面目狰狞，甚至对老师辱骂殴打。而家长对老师的态度决定了学生对待老师的态度，也决定了老师对自己职业的认知和期许。可家长的态度是怎么形成的呢？它源于社会对老师和教育的态度和定位。在这些关系里，社会、家长、老师、学生互相影响，只有他们分别厘清自己的位置和初心，找到师生之道的本源，才能构建真正正确的师生观和师生关系，才能真正做到尊师，否则尊师重道就只能成为一个口号。

我最喜欢的师生关系是《论语·先进》里描述的："莫春者，春服既成，冠者五六人，童子六七人，浴乎沂，风乎舞雩，咏而归。"学生侍坐于老师周围，谈谈学问，聊聊理想，学生尊重老师，老师关心学生的学习和未来，这是怎样美好的一个画面……

践行手册

看了这一期节目,你有什么感触呢?欢迎写下

页　　码

原文摘录

应用计划(请联系你最近三个月内的相关经历,写出你打算采取怎样的行动,以及开始的时间、频率、目标、步骤以及监督人)

后 记

《丝路家训》是西安广播电视台丝路频道出品的一档文化类电视节目，一档台领导和作为制片人的我倾注了很多心血的节目。很欣慰，作为全国首档家训主题节目，《丝路家训》播出后获得观众一致好评，《光明日报》等媒体都给予了高度评价。

习近平总书记在党的十九大报告中指出："深入挖掘中华优秀传统文化蕴含的思想观念、人文精神、道德规范，结合时代要求继承创新，让中华文化展现出永久魅力和时代风采。" 总书记也在多个场合强调家风建设的重要性。

西安是中华文化的重要发祥地，是古丝绸之路的起点，也是今天"一带一路"倡议的重要节点城市，正努力打造丝路文化高地，建设中华民族共有精神家园标识地。让优秀传统文化展现永久魅力，是西安广播电视台的时代使命。

家训是一个家庭对子孙立身处世、持家治业的教诲，关系到一个家庭的家风，并会内化为一个人一生的教养与原则，对整个社会都产生着不可估量的作用。小家风气好了，社会才能风清气正、凝气聚力、向上向善。

现代社会，传统家训逐渐被年青一代淡忘，如何重拾经典，让家训文化以深入浅出、易被接受的方式深入人心？

针对这个难点，节目筹备时台里就开会反复研讨，邀请高校相关学者提出建议，通过互联网征求网友意见，还专门去北京邀请全国著名文化学者康震、郦波、蒙曼以及教育部语用司姚喜双司长开策划会，让名家面对面悉心点拨。经过半年多的筹备和制作，节目在2018年初顺利播出。古代家训很多，但涉及内容无外乎对内修养和对外交往，《丝路家训》节目从万千古代家训中提炼出十二个主题——自律立身、因材施教、父敬母爱、见微知著、学而时习、睦邻友好、德行天下、举案齐眉、人淡如菊、提升美育、一诺千金、尊师重道，并请来康震、毛佩琦、李山、于赓哲等文化名人，孙茜、冯雷、何云伟、景岗山等演员以及丝路沿线国家留学生，共同围绕十二个主题解读家训，并结合现实生活展开激烈讨论。节目风趣幽默、内涵丰富。这正是因为精心策划，使得节目定位精准，成为"西安制造"、为丝路文化高地精心打造的扛鼎之作，同时也是对中国历史文化的继承，在"一带一路"的伟大倡议下，对古代家训进行了诠释和升华。

家训的意义在于传承，除了视频，文字也是很好的传承方式。毕竟，视频感性成分居多，而文字则更趋于理性启迪。陕西师范大学出版总社刘东风社长看过节目后觉得非常有意义，提出出书的建议，于是就有了这本书的编著计划。

社会、城市、家庭，人存在于各种关系当中，如何自处并与人共处，是一个恒久的命题，需要我们不断地去摸索、探求。家训，其实就是把自己的人生经验以家规的形式传递给子孙后代，而那些经过时间的沉淀和考验流传下来的经典家训，都是值得我们学习、借鉴的人生智慧，可以拓宽我们的生命维度，不仅能让我们的生活更加从容、美好，也有利于家人的相处、孩子的教育。《丝路家训》的初衷便是古为今用，用前人的智慧来指导我们的现实生活，特别是子女教育。

不管是传统文化教育还是家庭教育，我们都缺失太多，需要补课。从策划节目到编写图书，我自己也在不断地学习、思考自己的生活工作状态、与亲友的相处、于社会的责任……于是有了十二篇对应十二个家训主题的感悟。

《丝路家训》节目同名图书的顺利出版发行，要特别感谢很多人。最要感谢的是这本书的出版方——陕西师范大学出版总社，从社长刘东风先生到编辑都给予了太多的帮助；感谢肖云儒老师为这本书所写的序言，给了我很大的肯定和鼓励；感谢贾平凹老师的推荐；感谢所有的嘉宾，他们真诚的自我呈现和渊博的学识让我收获良多；感谢所有给予这档节目、这本书帮助的人，以及一直鞭策我进步的良师益友……

第二季《丝路家训》的前期准备工作已经启动，新一轮的忙碌又要开始了，希望通过这本书，有更多的人了解、关注《丝路家训》这个节目。第二季，让我们继续在文化的交锋与碰撞中共同成长。